建筑工人职业技能培训教材

建筑工程系列

砌　筑　工

《建筑工人职业技能培训教材》编委会 编

U0278875

中国建材工业出版社

图书在版编目(CIP)数据

砌筑工 /《建筑工人职业技能培训教材》编委会编
. —— 北京 : 中国建材工业出版社,2016.9(2022.7重印)
建筑工人职业技能培训教材
ISBN 978-7-5160-1527-8

Ⅰ. ①砌… Ⅱ. ①建… Ⅲ. ①砌筑—技术培训—教材
Ⅳ. ①TU754.1

中国版本图书馆 CIP 数据核字(2016)第 145059 号

砌筑工
《建筑工人职业技能培训教材》编委会 编
出版发行:中国建材工业出版社
地　　址:北京市海淀区三里河路 11 号
邮　　编:100831
经　　销:全国各地新华书店
印　　刷:北京雁林吉兆印刷有限公司
开　　本:850mm×1168mm 1/32
印　　张:6.625
字　　数:140 千字
版　　次:2016 年 9 月第 1 版
印　　次:2022 年 7 月第 5 次
定　　价:24.00 元

本社网址:www.jccbs.com 微信公众号:zgjcgycbs
本书如出现印装质量问题,由我社市场营销部负责调换。电话:(010)57811387

前　言

　　《中华人民共和国就业促进法》、国务院《关于加快发展现代职业教育的决定》[国发(2014)19号]、住房和城乡建设部《关于印发建筑业农民工技能培训示范工程实施意见的通知》[建人(2008)109号]、住房和城乡建设部《关于加强建筑工人职业培训工作的指导意见》[建人(2015)43号]、住房和城乡建设部办公厅《关于建筑工人职业培训合格证有关事项的通知》[建办人(2015)34号]等相关文件,对全面提高工人职业操作技能水平,以保证工程质量和安全生产做出了明确的要求。

　　根据住房和城乡建设部就加强建筑工人职业培训工作,做出的"到2020年,实现全行业建筑工人全员培训、持证上岗"具体规定,为更好地贯彻落实国家及行业主管部门相关文件精神和要求,全面做好建筑工人职业技能教育培训,由中国工程建设标准化协会建筑施工专业委员会、黑龙江省建设教育协会、新疆建设教育协会会同相关施工企业、培训单位等,组织了由建设行业专家学者、培训讲师、一线工程技术人员及具有丰富施工操作经验的工人和技师等组成的编审委员会,编写这套《建筑工人职业技能培训教材》。

　　本套丛书主要依据住房和城乡建设部、人力资源和社会保障部发布的《职业技能岗位鉴定规范》《中华人民共和国职业分类大典(2015年版)》《建筑工程施工职业技能标准》《建筑装饰装修职业技能标准》《建筑工程安装职业技能标准》等标准要求,以实现全面提高建设领域职工队伍整体素质,加快培养具有熟练操作技能的技术工人,尤其是加快提高建筑业农民工职业技能水平,保证建筑工程质量和安全,促进广大农民工就业为目标,重点抓住建筑工人现场施工操作技能和安全为核心进行编制,"量身订制"打造了一套适合不同文化层次的技术工人和读者需要的技能培训教材。

　　本套教材系统、全面地介绍了各工种相关专业基础知识、操作技能、安全知识等,同时涵盖了先进、成熟、实用的建筑工程施工技术,还包括了现代新材料、新技术、新工艺和环境、职业健康安全、节能环保等方面的知识,力求做到了技术内容最新、最实用,文字通俗易懂,语言生动简洁,辅以大量直观的图表,非常适合不同层次水平、不同年龄的建筑工人职业技能培训和实际施工操作应用。

丛书共包括了"建筑工程"、"建筑装饰装修工程"、"安装工程"3大系列以及《建筑工人现场施工安全读本》,共25个分册:

一、"建筑工程"系列,包括8个分册,分别是:《砌筑工》《钢筋工》《架子工》《混凝土工》《模板工》《防水工》《木工》和《测量放线工》。

二、"建筑装饰装修工程"系列,包括8个分册,分别是:《抹灰工》《油漆工》《镶贴工》《涂裱工》《装饰装修木工》《幕墙安装工》《幕墙制作工》和《金属工》。

三、"安装工程"系列,包括8个分册,分别是:《通风工》《安装起重工》《安装钳工》《电气设备安装调试工》《管道工》《建筑电工》《中小型建筑机械操作工》和《电焊工》。

本书根据"砌筑工"工种职业操作技能,结合在建筑工程中实际的应用,针对建筑工程施工材料、机具、施工工艺、质量要求、安全操作技术等做了具体、详细的阐述。本书内容包括房屋建筑构造与建筑识图的基本知识、砌筑工程材料、砌筑工程工具设备、砌筑工程施工基本技术、季节性施工、成品保护、质量验收标准、常见质量问题及防治措施、文明施工、砌筑工安全操作技术。

本书对于加强建筑工人培训工作,全面提升建筑工人操作技能水平具有很好的应用价值和极大的帮助,不仅极大地提高工人操作技能水平和职业安全水平,更对保证建筑工程施工质量,促进建筑安装工程施工新技术、新工艺、新材料的推广与应用都有很好的推动作用。

由于时间限制,以及编者水平有限,本书难免有疏漏和谬误之处,欢迎广大读者批评指正,以便本丛书再版时修订。

编　者

2016 年 9 月　北京

中国建材工业出版社
China Building Materials Press

发展出版传媒　　服务经济建设

传播科技进步　　满足社会需求

目录 *CONTENTS*

第 1 部分　砌筑工岗位基础知识

一、房屋构造与识图基本知识

1. 房屋的基本组成

民用建筑的基本组成,见图 1-1。构成房屋的构配件有:基础、内(外)墙、柱、梁、楼板、地面、屋顶、楼梯、门窗以及阳台、雨篷、女儿墙、压顶、踢脚板、勒脚、明沟或散水、楼梯梁、楼梯平台、过梁、圈梁、构造柱等。

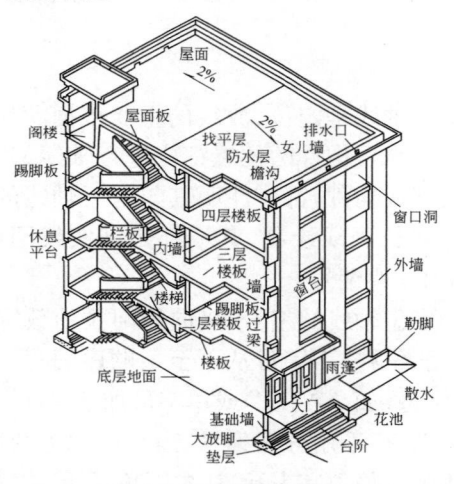

图 1-1　民用建筑的组成

2. 识图的基本常识

（1）比例。

图纸的比例，应为图形与实物相对应的线性尺寸之比。比例的大小，是指其比值的大小，如 1∶100 大于 1∶200。比例的符号为"∶"，比例应以阿拉伯数字表示，如 1∶50、1∶100、1∶200 等。

比例宜注写在图名的右侧，字的基准线应取平，比例的字高宜比图名的字高小一号或是两号。

（2）字体。

图纸上所需书写的文字、数字或符号等，均应笔画清晰、字体端正、排列整齐；标点符号应清楚正确。

文字的字高，应从如下系列中选用：3.5、5、7、10、14、20mm。

（3）轴线。

施工图中的轴线是定位、放线的重要依据。凡承重墙、柱、梁或屋架等主要承重构件的位置都应进行轴线编号，凡需确定位置的建筑局部或构件，都应注明其与附近轴线的尺寸。定位轴线采用细单点长画线绘制，其端部是细实线圆（直径为 8～10mm），圆圈内注明编号。

平面图中定位轴线的编号，横向用阿拉伯数字由左至右依次编号，竖向用大写拉丁字母从下至上顺序编写。字母数量不够时，可用双字母（如 AA、BB）或单字母加下脚注（如 A_1）；当平面图组合较复杂，可采用分区编号，当平面图为圆形平面时，其径向轴线宜用阿拉伯数字表示，从左下角开始，按逆时针顺序编写，其圆周轴线宜用大写拉丁字母表示，从外向内顺序编写，附加轴线定位的编号，以分数表示。分母表示前一基本轴线的编

号,分子表示附加轴线的编号,分子编号采用阿拉伯数字,见图
1-2。

(4)标高。

标高是表示建筑物某一部位或地面、楼层等的高度,以米
(m)为单位,精确到小数点后三位数(总平面图中为两位数)。

标高分为相对标高和绝对标高。

绝对标高:我国以青岛黄海平面为基准,将其高程定为零
点。地面地物与基准点的高差称为绝对标高;

相对标高:建筑标高是以房屋首层室内的高度作为零点,写
作±0.000 来计算房屋的相对高差。其高差称为标高,见图 1-3。

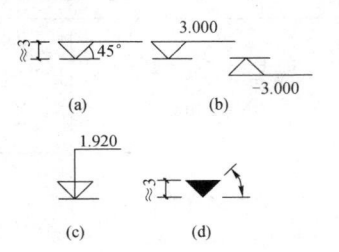

图 1-2　定位轴线的编号顺序　　图 1-3　标高符号及规定画法

(5)尺寸标注。

国家标准规定,图纸上除标高和总
平面图中的尺寸以米(m)为单位外,其
他图纸中凡未注明单位的尺寸均以毫米
(mm)为单位,见图 1-4。

图 1-4　尺寸的组成

图纸上的尺寸标注包括尺寸界线、尺寸线、尺寸起止符号和
尺寸数字四个基本要素。

(6)常用建筑构件和材料图例。

常用建筑构件和材料应按表 1-1 所示图例画法绘制。

表 1-1　　　　　　　　　　常用建筑构件和材料图例

门洞	孔洞	自然土壤
单扇门	坑槽	素土夯实土壤
双扇门	烟道	砂、灰土
双向单扇弹簧门	中间腰楼梯	普通砖
双向单扇弹簧门	封闭式电梯	空心砖
转门	洗手盆	混凝土
窗	澡盆	钢筋混凝土
高窗	污水池　地漏	毛石砌体

续表

可见检查口	消火栓	木材
不可见检查口	配电盘	加气钢筋混凝土

 3.建筑识图的基本技能

（1）平面图。

建筑平面图是假想用一水平的剖切平面沿房屋的门窗洞口将整个房屋切开，移去上半部分，对其下半部分作出水平剖面图，称为建筑平面图。

建筑平面图它表达了建筑物的平面形状，走廊、出入口、房间、楼梯卫生间等的平面布置，以及墙、柱、门窗等构配件的位置、尺寸、材料和做法等内容的图样。

建筑平面图是建筑施工图中最重要、最基本的图纸之一，它用以表示建筑物某一层的平面形状和布局，是施工放线、墙体砌筑、门窗安装、室内外装修的依据。

建筑平面图反映了以下8个方面内容：

①通过图名可以了解这个建筑平面图表示的是房屋的那一层平面，比例根据房屋的大小和复杂程度而定。建筑平面图的比例宜采用1：50、1：100、1：200。

②建筑物的朝向、平面形状、内部的布置及分隔，墙（柱）的位置。

③纵横定位轴线及其编号。

④门窗的种类，门窗洞口的位置，开启的方向、门窗及门窗

过梁的编号。

⑤尺寸标注。

a.外部三道尺寸:总尺寸、轴线尺寸(开间及进深)、细部尺寸(门窗洞口、墙垛、墙厚等)。

b.内部尺寸:内墙墙厚、室内净空大小、内墙上门窗的位置及宽度等。

c.标高:室内外地面、楼面、特殊房间(卫生间、盥洗室等)楼(地)面、楼梯休息平台、阳台等处建筑标高。

⑥剖面图的剖切位置、剖视方向、编号。

⑦配件及固定设施的定位,如阳台、雨篷、台阶、散水、卫生器具等,其中吊柜、洞槽、高窗等用虚线表示。

⑧有关标准图及大样图的详图索引。

(2)立面图。

为了表示房屋的外貌,通常将房屋的四个主要的墙面向与其平行的投影面进行投射,所画出的图纸称为建筑立面图。

立面图表示建筑的外貌、立面的布局造型,门窗位置及形式、立面装修的材料、阳台和雨篷的做法以及雨水管的位置。立面图是设计人员构思建筑艺术的体现。在施工过程中,立面图主要用于室外装修。

立面图主要反映以下 6 点内容:

①建筑立面图的比例与平面图的比例一致,常用 1∶50、1∶100、1∶200 的比例尺绘制。

②室外地面以上的外轮廓、台阶、花池、勒角、外门、雨篷、阳台、各层窗洞口、挑檐、女儿墙、雨水管等的位置。

③外墙面装修情况,包括所用材料、颜色、规格。

④室内外地坪、台阶、窗台、窗上口、雨篷、挑檐、墙面分格线、女儿墙、水箱间及房屋最高顶面等主要部位的标高及必要的

高度尺寸。

⑤有关部位的详图索引,如一些装饰、特殊造型等。

⑥立面左右两端的轴线标注。

(3)剖面图。

剖面图通常是假想用一个或多个垂直于外墙轴线的铅垂剖切平面将整幢房屋剖开,经过投射后而得到的正投影图,称为建筑剖面图。

建筑剖面图主要用来表达房屋内部沿垂直方向各部分的结构形式、组合关系、分层情况构造做法以及门窗高、层高等,是建筑施工图的基本样图之一。

剖面图主要反映以下6点内容:

①剖面图的比例应与建筑平面图、立面图一致,宜采用1:50、1:100、1:200的比例尺绘制。

②表明剖切到的室内外地面、楼面、屋顶、内外墙及门窗的窗台、过梁、圈梁、楼梯及平台、雨篷、阳台等。

③表明主要承重构件的相互关系,如各层楼面、屋面、梁、板、柱、墙的相互位置关系。

④标高及相关竖向尺寸,如室内外地坪、各层楼板、吊顶、楼梯平台、阳台、台阶、卫生间、地下室、门窗、雨篷等处的标高及相关尺寸。

⑤剖切到的外墙及内墙轴线标注。

⑥需另见详图部位的详图索引,如楼梯及外墙节点等。

(4)详图。

详图是将平、立、剖面图中的某些部位需详细表述用较大比例而绘制的图纸。

详图的内容包括较广泛,凡是在平、立、剖面图中表述不清楚的局部构造和节点,都可以用详图表述,其内容主要有以下4

个方面：

　　①细部或部件的尺寸、标高。

　　②细部或部件的构造，材料及做法。

　　③部件之间的构造关系。

　　④各部位标准做法的索引符号。

4. 看图的方法、要点和注意事项

　　(1)看图的方法。

　　归纳起来是六句话"由外向里看，由大到小看，由粗到细看，图纸(详图)与说明穿插看，建施(建筑施工)与结施(结构施工)对着看，水电设备最后看"。

　　一套图纸到手后，先把图纸分类，如建施、结施、水电设备安装图和相配套的标准图等，看过全部的图纸后，对该建筑物就有了一个整体的概念。然后再针对性地细看本工种图纸的内容。砌筑工要重点了解砌体基础的深度、大放脚情况、墙身情况，使用的材料、砂浆类别、是清水墙还是混水墙，每层多高，圈梁、过梁的位置，门窗洞口位置和尺寸，楼梯和墙体的关系，特殊节点的构造，厨卫间的要求，注意预留孔洞和预埋件，墙体的锚拉情况等等。

　　(2)看图的要点。

　　全套图纸，不能孤立地看单张图纸，还要注意图纸间的联系。看图要注意如下要点。

　　①平面图。要从首层看起，逐层向上直到顶层。而且首层平面图要详细看，这是平面图最重要的一层。

　　看平面图的尺寸，先看控制轴线间尺寸。把轴线关系搞清楚，弄清开间、进深的尺寸和墙体的厚度，门垛尺寸，再看外形尺寸，逐间逐段核对有无差错。

核对门窗尺寸、编号、数量及其过梁的编号和型号。

看清楚各部位的标高,复核各层标高并与立面图、剖面图对照是否吻合。

弄清各房间的使用功能,加以对比,看是否有什么不同之处及墙体、门窗增减情况。

对照详图看墙体、柱的轴线关系,是否有偏心轴线的情况。

②立面图。对照平面图的轴线编号,看各个立面图的表示是否正确。

将四个立面图对照起来看,是否有不交圈的地方。

弄清外墙装饰所采用的材料及使用范围。

③剖面图。对照平面图核对相应剖面图的标高是否正确,垂直方向的尺寸与标高是否符合,门窗洞口尺寸与门窗表的数字是否吻合。

对照平面图校核轴线的编号是否正确,剖切面的位置与平面图的剖切符号是否符合。

校对各层楼地面、屋面的做法与设计说明并与立面图对照是否有矛盾。

④详图。查对索引符号,明确使用的详图,防止差错。

查找平、立、剖面图上的详图部位,对照轴线仔细核对尺寸、标高、避免错误。

认真研究细部构造和做法,选用材料是否科学,施工操作有无困难。

二、砌筑工程常用材料

1. 砖

砖是指砌筑用的人造小型块材,外形多为直角六面体,其长度不超过365mm,宽度不超过 240mm,高度不超过 115mm。也有各种异形砖。

(1)烧结普通砖。

烧结普通砖又称普通黏土砖、标准砖,是以黏土、页岩、煤矸石、粉煤灰为主要原料,经过焙烧而成的。

烧结普通砖的外形为矩形体,长 240mm、宽 115mm、厚53mm。240mm×115mm的面称为大面,240mm×53mm 的面称为条面,115mm×53mm 的面称为顶面。

烧结普通砖按其抗压强度及抗折强度分为 MU10、MU15、MU20、MU25、MU30 五个强度等级。

(2)蒸压灰砂砖。

蒸压灰砂砖是以石灰和砂为主要原料,经坯料制备、压蒸压灰砂砖外形为矩形体,长 240mm、宽 115mm、高 53mm。

蒸压灰砂砖按其抗压强度及抗折强度分为 MU10、MU15、MU20、MU25 四个强度等级。MU15 以上的砖可用于基础及其他建筑部位。MU10 砖可用于防潮层以上的建筑部位。

(3)烧结多孔砖。

烧结多孔砖是以黏土、页岩、煤矸石为主要原料,经焙烧而成,其孔洞率不小于 15%,孔的尺寸小而数量多。

烧结多孔砖的外形为直角六面体,有 M 型和 P 型两种。M 型多孔砖长 190mm、宽 190mm、高 90mm。P 型多孔砖长 240mm、宽 115mm、高 90mm。

烧结多孔砖按其抗压强度及抗折强度分为 MU30、MU25、MU20、MU15、MU10 五个强度等级。

(4)烧结空心砖。

烧结空心砖是以黏土、页岩、煤矸石为主要原料,经焙烧而成的。孔洞率不小于 15%,孔洞大而数量少。烧结空心砖主要用于非承重部位。

烧结空心砖的外形为直角六面体,在与砂浆的接合面上设有增加结合力的凹线槽,其深度为 1mm 以上。

烧结空心砖的长度、宽度、高度应符合下列要求:

①290,190(140),90mm;

②240,180(175),115mm。

烧结空心砖按大面、条面抗压强度分为 MU5、MU3、MU2 三个强度等级;800、900、1100 三个密度级别。

(5)粉煤灰砖。

粉煤灰砖是以粉煤灰、石灰为主要原料,掺加适量石膏和集料,经坯料制备、压制成型、高压或常压蒸汽养护而成。

粉煤灰砖外形为矩形体,长 240mm、宽 115mm、厚 53mm。

粉煤灰砖按抗压强度和抗折强度分为 MU20、MU15、MU10、MU7.5 四个强度等级。

2.石材

(1)石材分类。

从天然岩层中开采而得的毛料石和经过加工成块状、板状的石料统称为石材。它质地坚固,可以加工成各种形状,既可作为承重结构使用,又可以作为装饰材料。

①毛料石。毛料石是由人工采用撬凿法和爆破法开采出来的不规格石块,一般要求在一个方向有较平整的面,中部厚度不

小于150mm,每块毛石重约20～30kg。在砌筑工程中一般用于基础、挡土墙、护坡、堤坝和墙体等。

②粗料石。粗料石亦称块石,形状比毛石整齐,具有较为规则的六个面,是经过粗加工而得的成品。在砌筑工程中用于基础、房屋勒脚和毛石砌体的转角部位或单独砌筑墙体。

③细料石。细料石是经过选择后,再经人工打凿和琢磨而成的成品。因其加工细度的不同,可分为一细、二细等。由于已经加工,形状方正,尺寸规格,因此可用于砌筑较高级房屋的台阶、勒脚、墙体等,也可用作高级房屋饰面的镶贴。

(2)石材加工的质量要求。

石材各面的加工要求,应符合表1-2的规定;石材加工的允许偏差应符合表1-3的规定。

表1-2　　　　　　　　　　石材各面的加工要求

石材种类	外露面及相接周边的表面凹入深度	叠砌面和接砌面的表面凹入深度
细料石	≤2mm	≤10mm
粗料石	≤20mm	≤20mm
毛料石	稍加修整	≤25mm

注:相接周边的表面是指叠砌面、接砌面与外露面相接处20～30mm范围内的部分。

表1-3　　　　　　　　　　石材加工允许偏差

石 材 种 类	加工允许偏差/mm	
	宽度、厚度	长　度
细料石	±3	±5
粗料石	±5	±7
毛料石	±10	±15

注:如设计有特殊要求,应按设计要求加工。

(3)石材的技术性能。

石材有抗冻性,要求经受15、25或50次冻融循环,试件无贯穿裂缝,重量损失不超过 5％,强度降低不大于 25％,石材的性能见表1-4。

表 1-4　　　　　　　　　　　　石材的性能

石材名称	密度/(kg/m³)	抗压强度/MPa
花岗岩	2500～2700	120～250
石灰岩	1800～2600	22～140
砂岩	2400～2600	47～140

3.普通混凝土小型空心砌块

(1)等级。

①按其尺寸偏差,外观质量分为:优等品(A)、一等品(B)及合格品(C)。

②按其强度等级分为:MU3.5、MU5.0、MU7.5、MU10.0、MU15.0、MU20.0。

③砌块各部位名称,见图1-5。

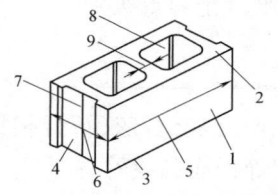

图 1-5　砌块各部位的名称

1—条面;2—坐浆面(肋厚较小的面);3—铺浆面(肋厚较大的面);

4—顶面;5—长度;6—宽度;7—高度;8—壁;9—肋

(2)规格。

①主规格尺寸为 390mm×190mm×190mm,其他规格尺寸可由供需双方协商。

②最小外壁厚应不小于 30mm，最小肋厚应不小于 25mm。

③空心率应不小于 25%。

4. 蒸压加气混凝土砌块

蒸压加气混凝土砌块是以水泥、矿渣、砂、石灰等为原料，加入发气剂，经搅拌、成型、高压蒸汽养护而成。

加气混凝土砌块一般规格的公称尺寸有两个系列：

(1)长度 600mm。

高度 200mm、250mm、300mm。

宽度 75mm、100mm、125mm、150mm、175mm、200mm、225mm(以 25mm 递增)……

(2)长度 600mm。

高度 240mm、300mm。

宽度 60mm、120mm、180mm、240mm(以 60mm 递增)……

加气混凝土砌块按抗压强度分别有 MU1.0、MU2.5、MU3.5、MU5.0、MU7.5 五个强度等级；按其容重分有 0.3、0.4、0.5、0.6、0.7、0.8 六个容重级别。

5. 粉煤灰砌块

粉煤灰砌块是以粉煤灰、石灰、石膏和集料等为原料，加水搅拌、振动成型、蒸汽养护而制成的。

粉煤灰砌块的主要规格尺寸为 880mm×380mm × 240mm、880mm × 430mm × 240mm。砌块端面留灌浆槽见图1-6。

粉煤灰砌块按其抗压强度分为 MU10、MU13 两个强度等级。

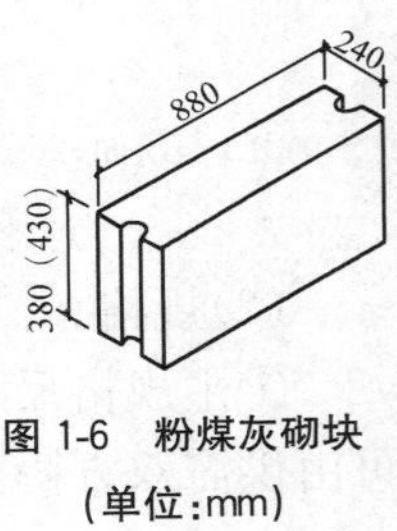

图 1-6　粉煤灰砌块

(单位:mm)

6. 砌筑砂浆

（1）砌筑砂浆作用与种类。

①作用。砂浆是单个的砖块、石块或砌块组合成砌体的胶结材料，同时又是填充块体之间缝隙的填充材料。由于砌体受力的不同和块体材料的不同，因此要选择不同的砂浆进行砌筑。砌筑砂浆应具备一定的强度、黏结力和工作度（或叫流动性、稠度）。它在砌体中主要起三个作用：

a. 把各个块体胶结在一起，形成一个整体。

b. 当砂浆硬结后，可以均匀地传递荷载，保证砌体的整体性。

c. 由于砂浆填满了砖石间的缝隙，对房屋起到保温的作用。

②种类。砌筑砂浆由集料、胶结料、掺和料和外加剂组成。砌筑砂浆一般分为水泥砂浆、混合砂浆、石灰砂浆等。

a. 水泥砂浆：水泥砂浆是由水泥和砂子按一定比例混合搅拌而成，它可以配制强度较高的砂浆。水泥砂浆一般应用于基础、长期受水浸泡的地下室和承受较大外力的砌体。

b. 混合砂浆：混合砂浆一般由水泥、石灰膏、砂子拌和而成，一般用于地面以上的砌体。混合砂浆由于加入了石灰膏，改善了砂浆的和易性，操作起来比较方便，有利于砌体密实度和工效的提高。

c. 石灰砂浆：石灰砂浆是由石灰膏和砂子按一定比例搅拌而成的砂浆，完全靠石灰的气硬而获得强度，强度等级一般达到 M0.4 或 M1.0。

d. 其他砂浆。

防水砂浆：在水泥砂浆中加入 3％～5％ 的防水剂制成防水砂浆。防水砂浆应用于需要防水的砌体（如地下室墙、砖砌水池、化粪池等),也广泛用于房屋的防潮层。

嵌缝砂浆:一般使用水泥砂浆,也有用白灰砂浆的。其主要特点是砂子必须采用细砂或特细砂,以利于勾缝。

聚合物砂浆:掺入一定量高分子聚合物的砂浆,一般用于有特殊要求的砌筑物。

(2)砌筑砂浆材料。

砌筑砂浆用材料有水泥、砂子和塑化材料等。

①水泥。

a. 水泥的种类:常用的水泥有硅酸盐水泥(代号 P·Ⅰ、P·Ⅱ)、普通硅酸盐水泥(简称普通水泥,代号P·O)、矿渣硅酸盐水泥(简称矿渣水泥,代号 P·S)、火山灰质硅酸盐水泥(简称火山灰质水泥,代号 P·P)、粉煤灰硅酸盐水泥(简称粉煤灰水泥,代号 P·F)、复合硅酸盐水泥(代号 P·C)。此外,还有特殊功能的水泥,如高强、快硬、耐酸、耐热、耐膨胀等不同性质的水泥以及装饰用的白水泥等。

b. 水泥强度等级:水泥强度等级按规定龄期的抗压强度和抗折强度来划分,以 28d 龄期抗压强度为主要依据。根据水泥强度等级,将水泥分为 32.5、32.5R、42.5、42.5R、52.5、52.5R、62.5、62.5R 等几个等级。

c. 水泥的特性:水泥具有与水结合而硬化的特点,不但能在空气中硬化,还能在水中硬化,并继续增长强度,因此水泥属于水硬性胶结材料。水泥经过初凝、终凝,随后产生明显强度,并逐渐发展成坚硬的人造石,这个过程称为水泥的硬化。

初凝时间不少于 45min,终凝时间除硅酸盐水泥不得迟于6.5h 外,其他均不多于 10h。

d. 水泥的保管:水泥属于水硬材料,必须妥善保管,不得淋雨受潮。储存时间一般不宜超过 3 个月,超过 3 个月的水泥(快硬硅酸盐水泥为 1 个月），必须重新取样送验，待确定强度等级后再使用。

②砂子。砂子是岩石风化后的产物，由不同粒径混合组成。按产地可分为山砂、河砂、海砂几种；按平均粒径可分为粗砂、中砂、细砂三种。粗砂平均粒径不小于 0.5mm，中砂平均粒径为 0.35～0.5mm，细砂平均粒径为 0.25～0.35mm，还有特细砂，其平均粒径为 0.25mm 以下。

对于水泥砂浆和强度等级不低于 M5 的水泥混合砂浆，含泥量不超过 5%；M5 以下的水泥混合砂浆的含泥量不超过 20%。对于含泥量较高的砂子，在使用前应过筛和用水冲洗干净。

砌筑砂浆以使用中砂为好，粗砂的砂浆和易性差，不便于操作；细砂的砂浆强度较低，一般用于勾缝。

③塑化材料。

为改善砂浆和易性可采用塑化材料。施工中常用的塑化材料有石灰膏、电石膏、粉煤灰及外加剂等。

①石灰膏：生石灰经过熟化，用孔洞不大于 3mm×3mm 网滤渣后，储存在石灰池内，沉淀 14d 以上；磨细生石灰粉，其熟化时间不小于 1d，经充分熟化后即成为可用的石灰膏。严禁使用脱水硬化的石灰膏。

②电石膏：电石原属工业废料，水化后形成青灰色乳浆，经过泌水和去渣后就可使用，其作用同石灰膏。电石应进行 20min 加热至 700℃检验，无乙炔气味时方可使用。

③粉煤灰：粉煤灰是电厂排出的废料，在砌筑砂浆中掺入一定量的粉煤灰，可以增加砂浆的和易性。粉煤灰有一定的活性，因此能节约水泥，但塑化性不如石灰膏和电石膏。

④外加剂：外加剂在砌筑砂浆中起改善砂浆性能的作用，一

般有塑化剂、抗冻剂、早强剂、防水剂等。

冬期施工时,为了增大砂浆的抗冻性,一般在砂浆中掺入抗冻剂。抗冻剂有亚硝酸钠、三乙醇胺、氯盐等多种,而最简便易行的则为氯化钠——食盐。掺入食盐可以降低拌和水的冰点,起到抗冻作用。

⑤拌和用水:拌和砂浆应采用自来水或天然洁净可供饮用的水,不得使用含有油脂类物质、糖类物质、酸性或碱性物质和经工业污染的水。拌和水的 pH 值应不小于 7,硫酸盐含量以 SO_4^{2-} 计不得超过水重的 1%,海水因含有大量盐分,不能用作拌和水。

(3)砂浆的技术要求。

①流动性。流动性也叫稠度,是指砂浆稀稠程度。

砂浆的流动性与砂浆的加水量、水泥用量、石灰膏用量、砂子的颗粒大小和形状、砂子的孔隙以及砂浆搅拌的时间等有关。对砂浆流动性的要求,可以因砌体种类、施工时大气温度和湿度等的不同而异。当砖浇水适当而气候干热时,稠度宜采用 8~10;当气候湿冷,或砖浇水过多及遇雨天,稠度宜采用 4~5;如砌筑毛石、块石等吸水率小的材料时,稠度宜采用 5~7。

②保水性。砂浆的保水性是指砂浆从搅拌机出料后到使用在砌体上,砂浆中的水和胶结料以及集料之间分离的快慢程度。分离快的保水性差,分离慢的保水性好。保水性与砂浆的组分配合、砂子的粗细程度和密实度等有关。一般说来,石灰砂浆的保水性比较好,混合砂浆次之,水泥砂浆较差。远距离的运输也容易引起砂浆的离析。同一种砂浆,稠度大的容易离析,保水性就差。所以,在砂浆中添加微沫剂是改善保水性的有效措施。

③强度。强度是砂浆的主要指标,其数值与砌体的强度有直接关系。砂浆强度是由砂浆试块的强度测定的。砂浆强度等

级分为 M20、M15、M10、M7.5、M5、M2.5。

（4）影响砂浆强度的因素。

①配合比。配合比是指砂浆中各种原材料的比例组合，一般由试验室提供。配合比应严格计量，要求每种材料均经过磅秤称量才能进入搅拌机。

②原材料。原材料的各种技术性能必须经过试验室测试检定，不合格的材料不得使用。

③搅拌时间。砂浆必须经过充分的搅拌，使水泥、石灰膏、砂子等成为一个均匀的混合体。特别是水泥，如果搅拌不均匀，会明显影响砂浆的强度。

（5）砌筑砂浆的拌制。

砌筑砂浆的拌制应按下述要求进行。

①原材料必须符合要求，而且具备完整的测试数据和书面材料。

②砂浆一般采用机械搅拌，如果采用人工搅拌时，宜将石灰膏先化成石灰浆，水泥和砂子拌和均匀后，加入石灰浆中，最后用水调整稠度，翻拌 3～4 遍，直至色泽均匀，稠度一致，没有疙瘩为合格。

③砂浆的配合比由试验室提供。

④砌筑砂浆拌制以后，应及时送到作业点，要做到随拌随用。一般应在 2h 之内用完，气温低于 10℃延长至 3h，但气温达到冬期施工条件时，应按冬期施工的有关规定执行。

🎵 7. 瓦

（1）黏土平瓦。

黏土平瓦是用塑性较好的黏土加水搅拌压制成型，经过晾干，在窑中焙烧而成。与普通黏土砖相同，亦分有红瓦、青瓦。

①黏土平瓦常用尺寸为 400mm 长、240mm 宽、14mm 厚，每片瓦的干重约为 3kg。黏土平瓦的形状见图 1-7。

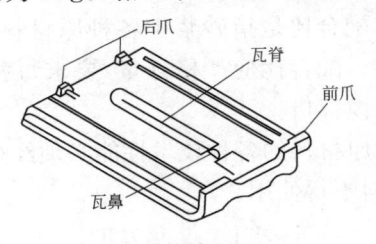

后爪　瓦脊　前爪

瓦鼻

图 1-7　黏土平瓦

②黏土平瓦的吸水率一般在 10％左右，如果吸水率过大，说明质地疏松，为欠火瓦，容易渗漏。

③黏土平瓦表面应光洁，无翘曲，也不应有变形、砂眼和贯穿的小裂缝。

④黏土平瓦放在距离 300mm 的两个支点上，瓦中间加重 60kg（即相当于一个中等成年人质量）不应断裂，并能抵抗 15 次冻融循环。

⑤一批瓦中不得混入欠火瓦（色泽不均匀，敲击无金属声的是欠火瓦），也不应有变形疏松和缺角等现象。

（2）小青瓦。

①小青瓦俗称蝴蝶瓦、阴阳瓦和合瓦，是我国传统的屋面防水覆盖材料。小青瓦是以黏土为原料，搅拌后用模型压制成型，再风干后经过焙烧而制成。小青瓦应在窑顶洒入清水以制成青瓦，否则即为红瓦。其规格尺寸较多，大致长度为 170～200mm，宽度为 130～180mm，厚度为 10～15mm，与之配合的还有檐口盖瓦和檐口滴水瓦等，见图 1-8。

②脊瓦是与小青瓦配合使用的黏土瓦，专门用来铺盖屋脊。制作方法与黏土平瓦相同。其长度一般为 400mm，宽度为

250mm。有三角形断面和半圆形断面两种,每张瓦干重约 3kg。黏土脊瓦的抗折能力应不小于 70kg,能经受 15 次冻融循环,并不得有贯穿性裂缝和缺楞、掉角、翘曲、变形等现象,其形状见图 1-9。

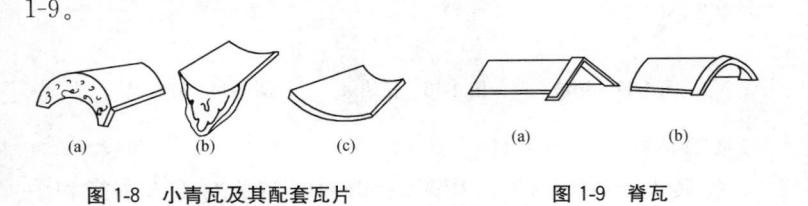

图 1-8　小青瓦及其配套瓦片　　　　　　图 1-9　脊瓦

(a)檐口盖瓦;(b)檐口滴水瓦;(c)小青瓦　　(a)三角形;(b)半圆形

三、砌筑工程常用工具设备

1. 手工工具

(1)砌筑工具。

①大铲(图 1-10)。以桃形居多,是“三一”砌筑法的关键工具,主要用于铲灰、铺灰和刮灰,也可用来调和砂浆。

②瓦刀(图 1-11)。又称泥刀,用于涂抹、摊铺砂浆,砍削砖块,打灰条、发璇及铺瓦,也可用于校准砖块位置。

图 1-10　大铲　　　　　　　　图 1-11　瓦刀

③刨锛(图 1-12)。打砖或做小外向锤用。

④托线板(图 1-13)。又称靠尺板,常见规格为 1.2~1.5m,与线锤配合用于检查墙面的垂直、平整度。

⑤摊灰尺(图 1-14)。用于摊铺砂浆。

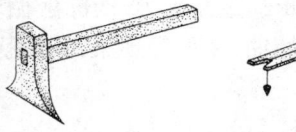  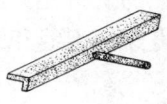

图 1-12　刨锛　　　图 1-13　托线板　　　图 1-14　摊灰尺

(2)备料及其他工具。

①砖夹子(图 1-15)。用来装卸砖块,避免对工人手指和手掌伤害,由施工单位用 φ16mm 的钢筋锻造制成,一次可夹 4 块标准砖。

②筛子(图 1-16)。用来筛砂,筛孔直径有 4、6、8mm 等数种。筛细砂可用铁纱窗钉在小木框上制成小筛。

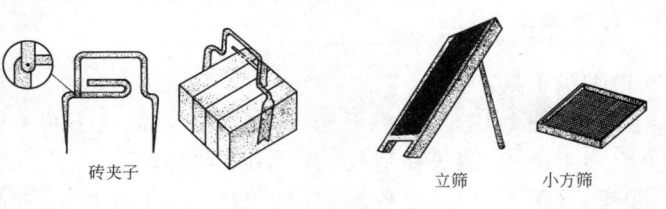

砖夹子　　　　　　　　　立筛　　　小方筛

图 1-15　砖夹子　　　　　　　图 1-16　筛子

③铁锹(图 1-17)。用来挖土、装车、筛砂。

④工具车(图 1-18)。用来运输砂浆和其他散装材料。轮轴宽度小于900mm,以便于通过门樘。

⑤运砖车(图 1-19)。施工单位自制,用来运输砖块,可用于砖垛多次转运,以减少破损。

⑥砖笼(图 1-20)。用塔吊吊运时,罩在砖块外面的安全罩,施工时,在底板上先码好一定数量的砖,然后把砖笼套上并固定,再起吊到指定地点。如此周转使用。

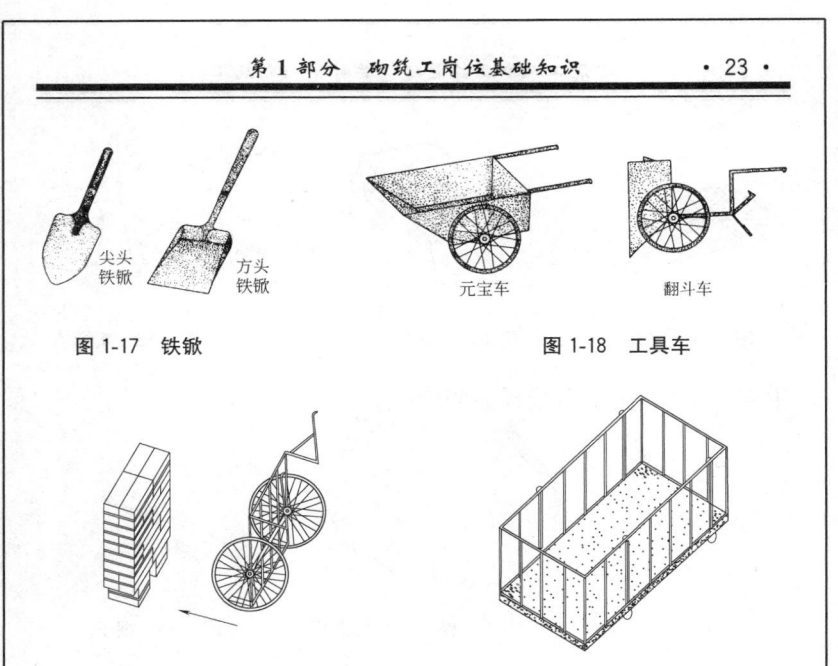

尖头
铁锨　　方头
铁锨

图 1-17　铁锨

元宝车　　翻斗车

图 1-18　工具车

图 1-19　运砖车

图 1-20　砖笼

⑦料斗(图 1-21)。塔吊施工时吊运砂浆的工具,当砂浆吊运到指定地点后,打开启闭口,将砂浆放入储灰槽内。

⑧灰槽(图 1-22)。供砖瓦工存放砂浆用,用 1～2mm 厚的黑铁皮制成,适用于"三一砌法"。

⑨灰桶(图 1-23)。供短距离传递砂浆及瓦工临时储存砂浆,分木制、铁制、橡胶制三种,大小以装 10～15kg 砂浆为宜,披灰法及摊尺法操作时用。

⑩溜子又称勾缝刀(图 1-24)。用 ϕ8mm 钢筋打扁安木把或用 0.5～1mm 厚钢板制成,用于清水墙、毛石墙勾缝。

⑪托灰板(图 1-25)。用不易变形的木材制成,用于承托砂浆。

⑫抿子(图 1-26)。用 0.8～1mm 厚的钢板制成,并铆上执

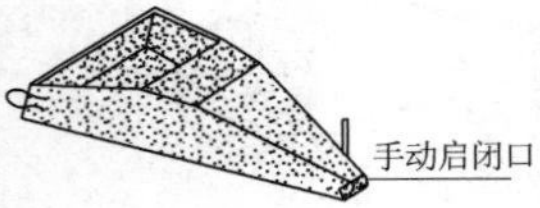

手动启闭口

图 1-21　料斗 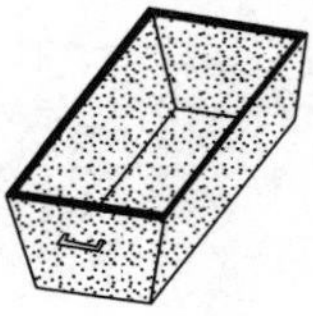　　　　图 1-22　灰槽 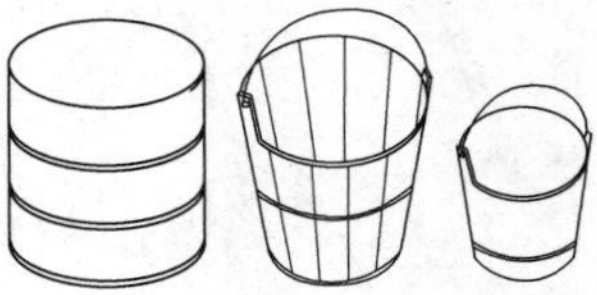　　　　　图 1-23　灰桶

手安装木柄,用于石墙拌缝勾缝。

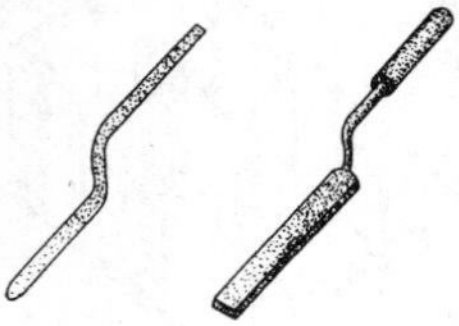

图 1-24　溜子　　　　　图 1-25　托灰板　　　　图 1-26　抿子

2. 机械设备

(1)砂浆搅拌机。

砂浆搅拌机是砌筑工程中的常用机械,用于制备砂浆。常用规格是 0.2m³ 和 0.3m³。

①砂浆搅拌机种类。砂浆搅拌机见图 1-27 和图 1-28,种类见表 1-5。

②砂浆搅拌机型号及性能。砂浆搅拌机主要技术数据见表 1-6。

表 1-5　　　　　　　　　　砂浆搅拌机种类

机械名称	规格/L	台班产量/m³	用途
砂浆搅拌机	200 和 325	18 和 26	砌筑工程量不大时,用于搅拌砌筑砂浆
混凝土搅拌机	200、400、500	24、40、50	工程量较大时的砌筑砂浆搅拌

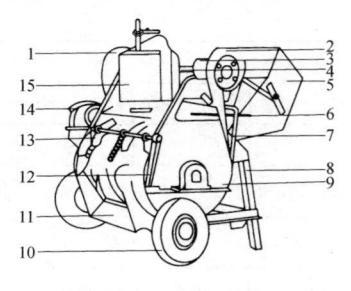

图 1-27　砂浆搅拌机

1—离合器;2—制动轮;3—卷扬筒;4—大轴;5—进料斗;
6—给水手柄;7—明斗升降手柄;8—机架;9—拌筒
(内装拌叶);10—行走轮;11—出料活门;12—卸料手柄;
13—三通阀;14—电动机;15—配水箱(量水器)

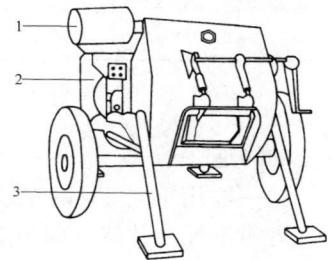

图 1-28　混凝土搅拌机

1—电动机;2—减速器;3—支撑

表 1-6　　　　　　　　　砂浆搅拌机主要性能参数

技术指标	型号				
	HJ—200	HJ1—200A	HJ1—200B	HJ—325	连续式
容量/L	200	200	200	325	
搅拌叶片转速 /(r/min)	30~32	28~30	34	30	383
搅拌时间/(m³/h)	2		2		

技术指标		型号				
		HJ—200	HJ1—200A	HJ1—200B	HJ—325	连续式
生产率/(m³/h)				3	5	16m³/班
电动机	型号	J02—42—4	J02—41—6	J02—32—4	J02—32—4	J02—32—4
	功率/kW	2.8	3	3	3	3
	转速/(r/min)	1450	950	1430	1430	1430
外形尺寸/mm	长	2200	2000	1620	2700	610
	宽	1120	1100	850	1700	415
	高	1430	1100	1050	1350	760
重量/kg		590	680	560	760	180

(2)垂直运输设备。

①垂直运输设备的构造。

a.井架(绞车架)。一般用钢管、型钢支设,并配置吊篮、天梁、卷扬机,形成垂直运输系统。井架基础一般要埋在一定厚度的混凝土底板内,底板中预埋螺栓,与井架底盘连接固定。井架的顶端、中井架底盘连接固定。井架的顶端、中部应按规定设置数道缆风绳,以保证井架的稳定,见图1-29。属多层建筑施工常用的垂直运输设备。

b.龙门架。由于龙门架的吊篮突出在立杆以外,所以要求吊篮周围必须设有护身栏,同时在立管上制作悬臂角钢支架,配上滚杠,作为吊篮到达使用层时临时搁放的安全装置,见图1-30。由两根立杆和横梁构成,立杆由角钢或φ200～250mm的钢管组成,配上吊篮用于材料的垂直运输。

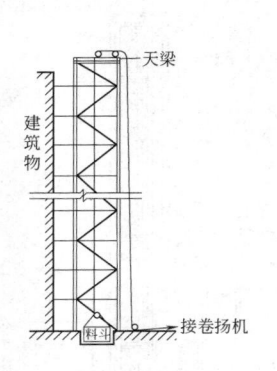

图 1-29 井架

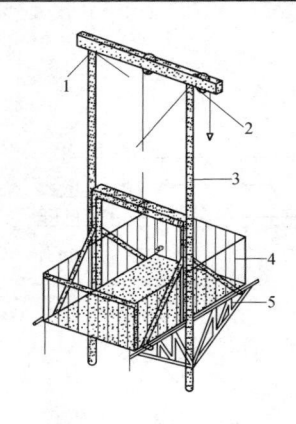

图 1-30 钢管式龙门架
1—缆风绳;2—起重索;3—立管;
4—吊篮;5—停放吊篮支承架

c. 卷扬机。卷扬机按其运转速度可分为快速和慢速两种,快速卷扬机又可分为单筒和双筒两种,为升降井架和龙门架上吊篮的动力装置。快速卷扬机钢丝绳的牵引速度为 $25\sim50\text{m/min}$;慢速卷扬机为单筒式,钢丝绳的牵引速度为 $7\sim13\text{m/min}$。

d. 两井三笼井架。本身稳定性较好,竖立后可以与墙体结构连接支撑,具有可以取消缆风索的优点,见图 1-31。是井架的一种组合方式,它是在两座相靠近的井架之间增设一个吊篮,使两座井架起到三座井架的作用。

e. 附壁式升降机。又叫附墙外用电梯,由垂直井架和导轨式外用拢式电梯组成,见图 1-32,用于高层建筑的施工。该设备除用于载运工具和物料外,还可乘人上下,架设安装比较方便,操作简单,使用安全。

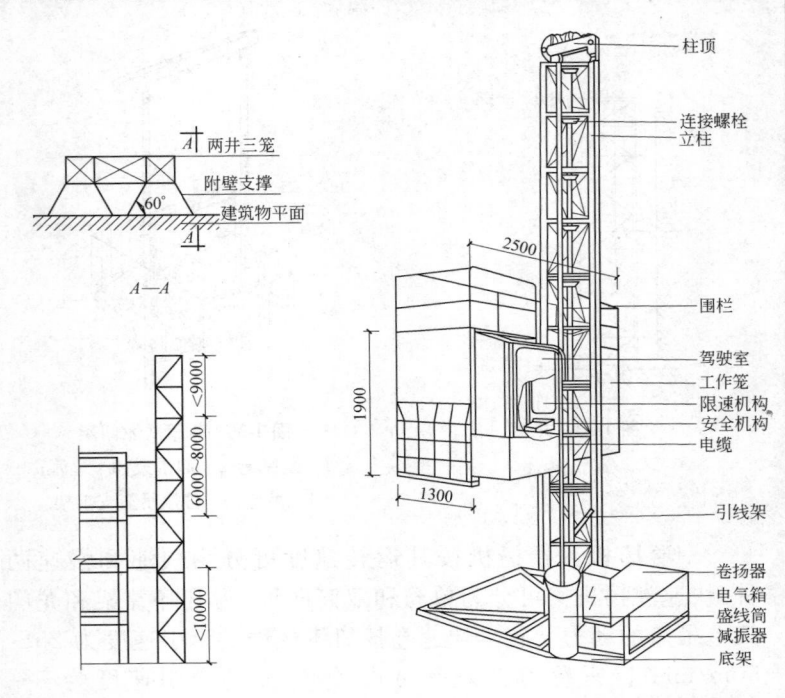

图 1-31　两井三笼井架(单位:mm)　　图 1-32　附壁式升降机(单位:mm)

f. 塔式起重机。塔式起重机俗称塔吊,它是由竖直塔身、起重臂、平衡臂、基座、平衡座、卷扬机及电器设备组成的较庞大的机器。能回转 360°并具有较高的起重高度,可形成一个很大的工作空间,是垂直运输机械中工作效能较好的设备。塔式起重机有固定和行走式两类。

(3)砌块施工机械。

①台灵架。由起重拉杆、支架、底盘和卷扬机等部件所组成,有矩形和正方形两种形状。主要用于起吊和安装砌块,它可以自行制作,常用的台灵架构造见图 1-33。

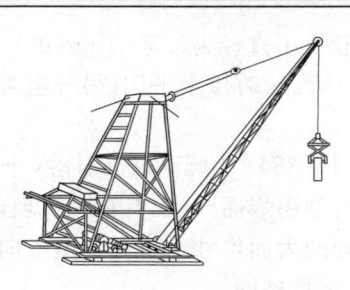

图 1-33　台灵架

②木桅杆低层建筑工程的砌块安装,可采用木桅杆,但需加强安全措施,注意安全操作,并系牢缆风绳。

3. 检测工具

(1)钢卷尺(图 1-34)。砌筑工操作宜选用 2m 的钢卷尺。钢卷尺应选用有生产许可证的厂家生产的。钢卷尺主要用来量测轴线尺寸、位置及墙长、墙厚,还有门窗洞口的尺寸、留洞位置尺寸等等。

(2)托线板和线锤(图 1-35)。又称靠尺板,用于检查墙面垂直和平整度。由施工单位用木材自制,长 1.2～1.5m;也有铝制商品,线锤吊挂测垂直度用,主要与托线板配合使用。

(3)塞尺(图 1-36)。塞尺与托线板配合使用,以测定墙、柱的垂直、平整度的偏差。塞尺上每一格表示厚度方向为 1mm。

  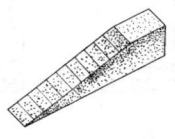

图 1-34　钢卷尺　图 1-35　托线板和线锤　　　图 1-36　塞尺

(4)水平尺和准线(图 1-37)。用铁和铝合金制成,中间镶嵌玻璃水准管,用来检查砌体对水平位置的偏差。准线是指砌墙时拉的细线。一般使用直径为0.5～1mm的小白线、麻线、尼龙线或弦线,用于砌体砌筑时拉水平用;另外也可用来检查水平缝的平直度。

(5)百格网(图1-38)。用于检查砌体水平缝砂浆饱满度的工具。可用钢丝编制锡焊而成,也有在有机玻璃上划格而成,其规格为一块标准砖的大面尺寸。将其长度方向各分成10格,画成100个小格,故称百格网。

(6)方尺(图1-39)。用木材制成边长为200mm的90°角尺,有阴角和阳角两种,分别用于检查砌体转角的方整程度。

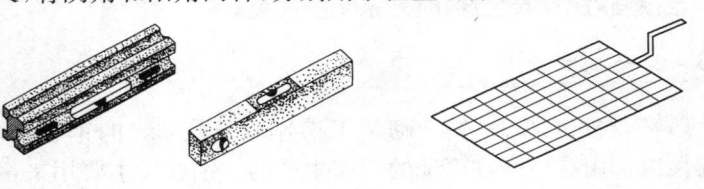

图1-37 水平尺和准线   图1-38 百格网

(7)龙门板(图1-40)。龙门板是在房屋定位放线后,砌筑时定轴线、中心线的标准。施工定位时一般要求板顶面的高程即为建筑物的相对标高±0.000。在板上划出轴线位置,以画"中"字示意,板顶面还要钉一根20～25mm长的钉子。

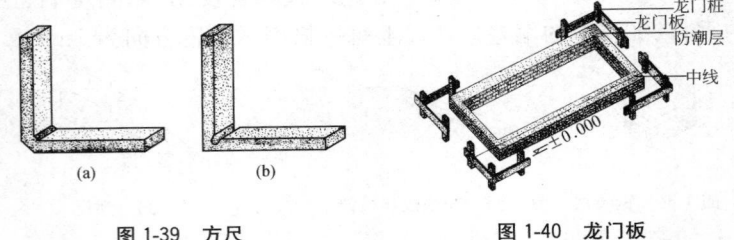

图1-39 方尺   图1-40 龙门板

(8)皮数杆(图 1-41)。皮数杆是砌筑砌体在高度方向的基数。皮数杆分为基础用和地上用两种。

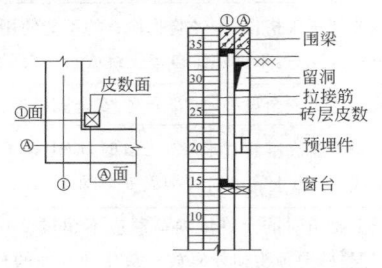

图 1-41　皮数杆

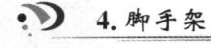 **4. 脚手架**

(1)脚手架的种类。

脚手架的种类划分见表 1-7。

表 1-7　　　　　　　　　　脚手架的种类

划分依据	种类
按用途划分	分砌墙脚手架和装饰脚手架
按使用材料划分	木脚手架、竹脚手架和金属脚手架
按使用场所划分	外脚手架、里脚手架
按构造形式划分	分立杆式、框式、吊挂式、悬挑式、工具式

(2)脚手架的使用要点。

脚手架的使用要点见表 1-8。

表 1-8 脚手架的使用要点

项目	操作要点
搭设拆除	由专业架子工搭设,未经验收检查的不能使用。使用中未经专业搭设负责人同意,不得随意自搭飞跳或自行拆除某些杆件
安全设施	所设的各类安全设施,如安全网、安全围护栏杆等不得任意拆除
搭设要求	当墙身砌筑高度超过地坪 1.2m 时,应由架子工搭设脚手架。一层以上或 4m 以上高度时应架设安全网
堆砖堆料	架子上砌筑时的允许堆料荷载应不超过 2700N/m²。堆砖不能超过三层,砖要顶头朝外码放。灰斗和其他的材料应分散放置,以保证使用安全
上下方法	上下脚手架应走斜道或梯子,不准翻爬脚手架
清除霜雪	脚手架上有霜雪时,应清扫干净后方准砌墙操作
检查加固	大雨或大风后要仔细检查整个脚手架,发现沉降、变形、偏斜应立即报告,经纠正加固后方准使用

第2部分 砌筑工岗位操作技能

一、常用的砌筑操作技术

1. "三一"砌砖法

"三一"砌砖法又称铲灰挤砌法,其基本操作是"一铲灰、一块砖、一揉压"。

(1)步法。

操作时,人应顺墙体斜站,左脚在前离墙约150mm左右,右脚在后距墙及左脚跟300～400mm。砌筑方向是由前往后退着走,以便可以随时检查已砌好的砖墙是否平直。砌完3～4块砖后,左脚后退一大步(约700～800mm),右脚后退半步,人斜对墙面可砌筑约500mm,砌完后左脚后退半步,右脚后退一步,恢复到开始砌砖时位置,见图2-1。

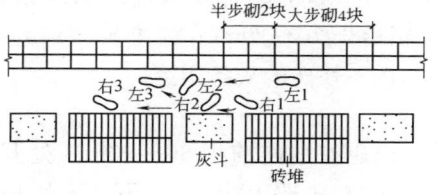

图2-1 "三一"砌砖法的步法

(2)铲灰取砖。

铲灰时应先用铲底摊平砂浆表面,便于掌握吃灰量,然后用手腕横向转动来铲灰,减少手臂动作,取灰量要根据灰缝厚度,以满足一块砖的需要量为准。取砖时应随拿砖随挑选好下块砖。左手拿砖,右手铲砂浆,同时拿起来,以减少弯腰次数,争取砌筑时间。

(3)铺灰。

铺灰可用方形大铲或桃形大铲。方形大铲的形状、尺寸与砖面的铺灰面积相似。铺灰动作可分为甩、溜、丢、扣等。砌顺砖时,当墙砌得不高且距操作处较远,一般采用溜灰方法铺灰;当墙砌得较高且近身砌砖,常用扣灰方法铺灰;此外,还可采用甩灰方法铺灰,见图2-2。砌丁砖时,当墙砌得较高且近身砌砖,常用丢灰方法铺灰;其他情况下,还经常采用扣灰方法铺灰,见图2-3。

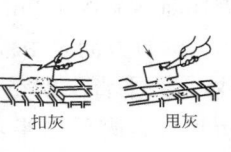

溜灰　　扣灰　　甩灰

图 2-2　砌顺砖时铺灰

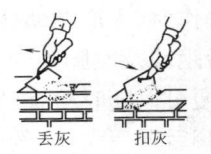

丢灰　　扣灰

图 2-3　砌丁砖时铺灰

不论采用哪种铺灰动作,都要求铺出的灰条要近似砖的外形,长度比一块砖稍长 10～20mm,宽约 80～90mm,灰条距墙外面约 20mm,并与前一块砖的灰条相接。

(4)揉砖。

左手拿砖在已砌好的砖前约 30～40mm 处开始平放摊挤,并用手轻揉。揉砖时,眼要上边看线,下边看墙皮,左手中指随即同时伸下,摸一下上、下砖棱是否齐平。砌好一块砖后,随即用铲将挤出的砂浆刮回,放在竖缝中或投入灰斗内。揉砖的目的主要是使砂浆饱满。铺在砖面上的砂浆如果较薄,揉的劲要小些;砂浆较厚时,揉的劲要大一些,并且根据已铺砂浆的位置要前后揉或左右揉。总之,以揉到"下齐砖棱,上齐线"为适宜,要做到平齐、轻放、轻揉,见图2-4。

图2-4　揉砖

(5)"三一"砌砖法适合砌筑部位。

"三一"砌砖法适合于砌窗间墙、砖柱、砖垛、烟囱等较短的部位。

2. 铺灰挤砌法

铺灰挤砌法是用铺灰工具铺好一段砂浆,然后进行挤浆砌砖的操作方法。

铺灰工具可采用灰勺、大铲或瓢式铺灰器等。挤浆砌砖可分双手挤浆和单手挤浆两种方法。

(1)双手挤浆法。

①步法:操作时,人将靠墙的一只脚站定,脚尖稍偏向墙边,另一只脚向斜前方踏出400mm左右(随着砌砖动作灵活移动),使两脚很自然地站成"T"字形。身体离墙约70mm,胸部略向外倾斜。这样,转身拿砖、挤砌和看棱角都灵活方便。操作者总是沿着砌筑方向前进,每前进一步能砌2块顺砖长。

②铺灰:用灰勺时,每铺一次砂浆用瓦刀摊平。用灰勺、大铲或瓦刀铺砂浆时,应力求砂浆平整,防止出现沟槽空隙,砂浆铺得应比墙厚稍窄,形成缩口灰。

③拿砖:拿砖时,要先看好砖的方位及大小面,转身踏出半步拿砖,先动靠墙这只手,另一只手跟着上去(有时两手同时取砖)。拿砖后退回成"T"字形,身体转向墙身;选好砖的棱角和掌握好砖的正面,即进行挤浆。

④挤砌:由靠墙的一只手先挤砌,另一只手迅速跟着挤砌。如砌丁砖,当手上拿的砖与墙上原砌的砖相距50~60mm时,把

砖的一侧抬起约 40mm,将砖插入砂浆中,随即将砖放平,手掌不要用力挤压,只需依靠砖的倾斜自坠力压住砂浆,平推前进。如砌顺砖,当手上拿的砖与墙上原砌的砖相距约 130mm 时,把砖的一头抬起约 40mm,将砖插入砂浆中,随即将砖放平,手掌不要用力挤压,只需依靠砖的倾斜自坠力压住砂浆,平推前进。若竖缝过大,可用手掌稍加压力,将灰缝压实至 10mm 为止。然后看准砖面,如有不平,用手掌加压,使砖块平整;由于顺砖长,因而要特别注意砖块下齐边、上平线,以防墙面产生凹进凸出和高低不平现象,见图 2-5。

（2）单手挤浆法。

①步法:操作时,人要沿着砌筑方向退着走,左手拿砖,右手拿瓦刀（或大铲）。操作前按双手挤浆的站立姿势站好,但要离墙面稍远一点。

②铺灰、拿砖:动作要点与双手挤浆相同。

③挤砌:动作要点与双手挤浆相同,见图 2-6。

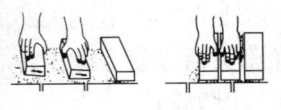

图 2-5　双手挤浆砌丁砖　　　　　图 2-6　单手挤浆砌顺砖

（3）铺灰挤砌法适合砌筑部位。

铺灰挤砌法适合于砌筑混水和清水长墙。

3. 满刀灰刮浆法

满刀灰刮浆法是用瓦刀铲起砂浆刮在砖面上,再进行砌筑。刮浆一般分四步,见图 2-7。满刀灰刮浆法砌筑质量较好,但生产效率较低,仅用于砌砖拱、窗台、炉灶等特殊部位。

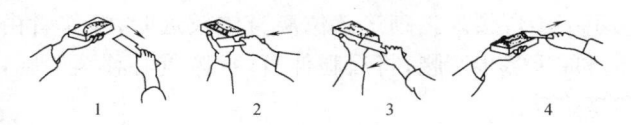

图 2-7　满刀灰刮浆法

4."二三八一"砌筑法

"二三八一"砌筑法是一种比较科学的砌砖方法,它包括了瓦工在砌砖过程中人体的各个部位的运动规律。其中:"二"指两种步法,即丁字步和并列步;"三"指三种弯腰身法,即侧身弯腰、丁字步弯腰和正弯腰;"八"指八种铺浆手法,即砌顺砖时用甩、扣、泼和溜四种手法,砌丁砖时用扣、溜、泼和一带二四种手法;"一"指一种挤浆动作,即先挤浆揉砖,后刮余浆。

(1)步法。

①丁字步。砌筑时,操作者背向砌筑的前进方向,站成丁字步,边砌边后退靠近灰槽。这种方法也称"拉槽"砌法。

②并列步。操作者砌到近身墙体时,将前腿后移半步成并列步面向墙体,又可以完成 500mm 墙体的砌筑。砌完后将后腿移至另一灰槽近处,进而又站成丁字步,恢复前一砌筑过程的步法。

丁字步和并列步循环往复,使砌砖动作有节奏地进行。

(2)身法。

①侧身弯腰。铲灰、拿砖时用侧身弯腰动作,身体重心在后腿,利用后腿微弯、肩斜、手臂下垂使铲灰的手很快伸入灰槽内铲取砂浆,同时另一手完成拿砖动作。

②正弯腰。当砌筑部位离身体较近时,操作者前腿后撤半步由侧身弯腰转身成并列步正弯腰动作,完成铺灰和挤浆动作,身体重心还原。

③丁字步弯腰。当砌筑部位离身体较远时,操作者由侧身弯腰转身成丁字步弯腰,将后腿伸直,身体重心移至前腿,完成铺灰和挤浆动作。

砌筑身法应随砌筑部位的变化配合步法进行有节奏的交替变换,使动作不仅连贯,而且可以减轻腰部的劳动强度。

(3)铺灰手法。

①砌顺砖的四种铺灰手法是"甩、扣、泼和溜"。

a. 甩:当砌筑离身体较远且砌筑面较低的墙体部位时,铲取均匀条状砂浆,大铲提升到砌筑位置,铲面转成90°,顺砖面中心甩出,使砂浆呈条状均匀落下,用手腕向上扭动配合手臂的上挑力来完成。

b. 扣:当砌筑离身体较近且砌筑面较高的墙体部位时,铲取均匀条状砂浆,反铲扣出灰条,铲面运动轨迹正好与"甩"相反,是手心向下折回动作,用手臂前推力扣落砂浆。

c. 泼:当砌筑离身体较近及身体后部的墙体部位时,铲取扁平状均匀的灰条,提升到砌筑面时将铲面翻转,手柄在前平行推进泼出灰条。动作比"甩"和"扣"简单,熟练后可用手腕转动成"半泼半甩"动作,代替手臂平推。"半泼半甩"动作范围小,适用于快速砌砖。泼灰铺出灰条成扁平状,灰条厚度为15mm,挤浆时放砖平稳,比"甩"灰条挤浆省力;也可采用"远甩近泼",特别在砌到墙体的尽端,身体不能后退时,可将手臂伸向后部用"泼"的手法完成铺灰。

d. 溜:当砌角砖时,铲取扁平状均匀的灰条,将大铲送到墙角,抽铲落灰,使砌角砖减少落地灰。

②砌丁砖的四种铺灰手法是"扣、溜、泼和一带二"。

a. 扣:当砌一砖半的里丁砖时,铲取灰条前部略低,扣出灰条外口略高,这样挤浆后灰口外侧容易挤严,扣灰后伴以刮虚尖动作,使外口竖缝挤满灰浆。

b.溜:当砌丁砖时,铲取扁平状灰条,灰铲前部略高,铺灰时手臂伸过准线,铲边比齐墙边,抽铲落灰,使外口竖缝挤满灰浆。

c.泼:当用里脚手砌外清水墙的丁砖时,铲取扁平状灰条,泼灰时落灰点向里移动 20mm,挤浆后形成内凹 10mm 左右的缩口缝,可省去刮舌头灰和减少划缝工作量。

d.一带二:当砌丁砖时,由于碰头缝的面积比顺砖的大一倍,这样容易使外口竖缝不密实。以前操作者先在灰槽处抹上碰头灰,然后再铲取砂浆转身铺灰,每砌一块砖,就要做两次铲灰动作,而且增加了弯腰的时间。如果把抹碰头灰和铺灰两个动作合二为一,在铺灰时,将砖的丁头伸入落灰处,接打碰头灰,使铺灰和打碰头灰同时完成。用一个动作代替两个动作,故称为"一带二"。

以上八种铺灰手法,要求落灰点准,铺出灰条均匀一次成形,从而减少铺灰后再做摊平砂浆等多余动作。

(4)挤浆。

挤浆时,应将砖面满上灰条 2/3 处,挤浆平推,将高出灰缝厚度的砂浆推挤入竖缝内。挤浆时应有个"揉砖"的动作。这样,砌顺砖时,竖缝灰浆基本上可以挤满;砌丁砖时,能挤满 2/3 的高度,剩余部分由砌上皮砖时通过挤揉可使砂浆挤入竖缝内。挤揉动作,可使平缝、竖缝都充满砂浆,不仅提高砖块之间的黏结力,而且极大地提高墙体的抗剪强度。

砌砖是一项具有技巧性的体力劳动,它涉及操作者手、眼、身、腰、步五个方面的活动。采用复合肌肉活动,消除多余动作,是用力合理又简单易学的砌砖方法。

二、普通砖砌筑

1. 砖基础砌筑

砖基础根据其不同形式,有条形基础和独立基础。条形基础一般设在砖墙下,独立基础一般设在砖柱下。

砖基础由基础墙与大放脚组成,基础墙与墙身同厚(或略厚一些),基础墙下部扩大部分称为大放脚。大放脚下是基础垫层,垫层可用 C10 混凝土或 3:7 灰土做成;当采用碎石混凝土时垫层的厚度一般不宜小于 200mm,采用灰土时不宜小于 300mm。

砖基础依其大放脚收皮不同,分为等高式和不等高式。

(1)施工顺序。

检查放线→垫层标高修正→摆底→放脚(收退)→正墙→检查、抹防潮层完成基础。

(2)施工要点。

①检查放线。基槽开挖及灰土或混凝土垫层已完成,并经验收合格,办完检验手续。砖基础大放脚摆底前先检查基槽尺寸、垫层的厚度和标高,及时修正基槽边坡偏差和垫层标高偏差。其次检查垫层上弹好的墨线正确与否,皮数杆是否立好,如龙门板已经拆除,则基槽边坡上应弹有中心线。

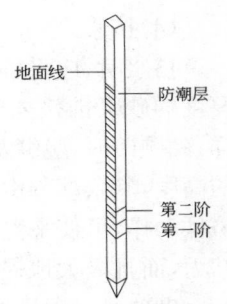

图 2-8　基础皮数杆

砖基础应根据轴线,弹出大放脚基础的边线,在立好的基础皮数杆上要标明大放脚收退要求及防潮层位置等,见图 2-8,然后按此摆底。

②垫层标高修正。根据皮数杆最下面一层砖的标高,拉线检查基础垫层表面标高是否合适。如果高低偏差值较大,如第一层砖的水平灰缝大于 20mm 时,则要用 C10 细石混凝土找平,严禁在砂浆中加细石及砍砖找平;当偏差值比较小时,可在砌筑过程中逐皮纠正。找平层修正宽度应两边各大于大放脚50mm,找平层应平整,以保证上部砖大放脚首皮砖为整块砖,而且水平灰缝厚度控制在 10mm 左右。

③摆底。垫层标高修正符合规定,则可以开始排砖摆底。排砖就是按照基底尺寸线和已定的组砌方式,不用砂浆,把砖在一段长度内整个干摆一层,排时考虑竖直灰缝的宽度,要求山墙摆成丁砖、檐墙摆成顺砖。因设计尺寸是以 100 为模数,砖是以125 为模数,两者有矛盾,要通过排砖来解决。在排砖中要把转角、墙垛、洞口、交接处等不同部位排得既合砖的模数,又合乎设计的模数,要求接槎合理、操作方便。

排完砖,用砂浆把干摆的砖砌起来,称为摆底。对摆底的要求:一是不能使排好的砖的位置发生移动,要一铲灰一块砖的砌筑;二是必须严格按皮数杆标准砌筑。

基础大放脚的摆底,关键要处理好大放脚的转角,处理好檐墙和山墙相交接槎部位。为满足大放脚上下皮错缝要求,基础大放脚的转角处要放七分头,七分头应在山墙和檐墙两处分层交替放置,不论底下多宽,都按此规律,一直退至实墙,再按墙的排砌法砌筑。基础大放脚转角处的排砌法见图 2-9。

等高式大放脚是每两皮一收,每次收进 1/4 砖(角 120mm高收 60mm 宽),其 $n/t=2.0$;不等高式大放脚是两层一收及一层一收交错进行,每次收 60mm,其 $n/t=1.5$,见图 2-10。

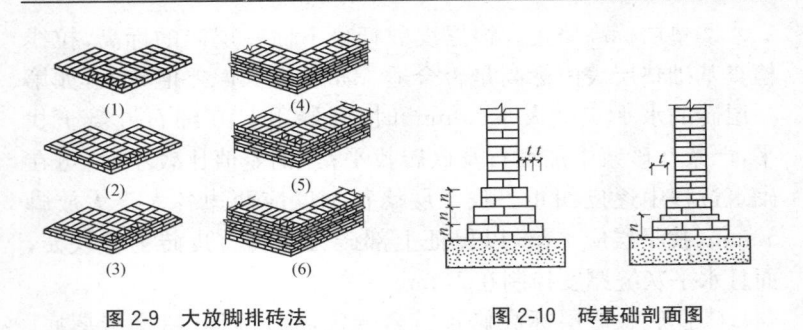

图 2-9　大放脚排砖法　　　　　图 2-10　砖基础剖面图

　　砖基础大放脚摆放宜先从摆放转角开始,先摆转角,转角摆通后,砌几皮砖再按转角为标准,以山丁檐跑的方法摆通全墙身,按皮数双面拉水平线进行首皮大放脚的摆底工作。

　　④放脚(收退)。砖基础大放脚摆底完成后,即开始砌筑大放脚,砌筑大放脚重点要掌握好大放脚的收退方法。砌基础大放脚的收退,应遵循"退台压顶"的原则,宜采用"一顺一丁"的砌法,退台的每台阶上面一皮砖为丁砖,有利于传力,砌筑完毕填土时也不易将退台砖碰掉。间隔式大放脚收一皮处,应以丁砌为主。基础大放脚的退台从转角开始,每次退台必须用卷尺量准尺寸,中间部分的退台应按照大角处拉准线进行,不得用目测估算或砖块比量,以防出现偏差。

　　⑤正墙。基础大放脚收退结束即为正墙身。砖基础大放脚收退到正墙身处,砌基础墙最后一皮砖也要求用丁砖排砌。

　　砖基础正墙砌筑,作为承上启下的部分,对质量要求较高,应掌握的要点是,随时检查垂直度、平整度和水平标高。基础墙的墙角,每次砌筑高度不超过五皮砖,随盘角随靠平吊直,以保证墙身横平竖直。砌墙应挂通线,24cm 墙外手挂线,37cm 墙以上应双面挂线。

　　沉降缝、防震缝两边的墙角应按直角要求砌筑。先砌的墙要把舌头灰刮尽,后砌的墙可采用缩口灰的方法。掉入缝内的砂浆和杂物,应随时清除干净。

基础墙上的各种预留孔洞、埋件、接槎的拉结筋,应按设计要求留置,不得事后开凿。

承托暖气沟盖板的挑檐砖及上一层压砖,均应用丁砖砌筑。主缝碰头灰要打严实。挑檐砖层的标高必须准确。

基础分段砌筑必须留踏步槎,分段砌筑的相差高度不得超过 1.2m。

管沟和预留孔洞的过梁,其标高、型号必须安放正确,坐灰饱满。如坐灰厚度超过 20mm 时应用细石混凝土铺垫。

基础灰缝必须密实,以防止地下水的侵入。各层砖与皮数杆要保持一致,偏差不得大于±1cm。

⑥检查、抹防潮层、完成基础。砖基础正墙结束(砌到±0.000以下 60mm)时,应及时检查轴线位置、垂直度和标高,检查合格后做防潮层。

防潮层应作为一道工序来单独完成,不允许在砌墙砂浆中添加防水剂进行砌砖来代替防潮层。

防潮层所用砂浆一般采用 1：2 水泥砂浆加水泥含量 3％～5％的防水剂搅拌而成。如使用防水粉,应先把粉剂搅拌成均匀的稠浆后添加到砂浆中去。

抹防潮层时,应先将墙顶面清扫干净,浇水湿润。在基础墙顶的侧面抄出水平标高线,然后用直尺夹在基础墙两侧,尺上平按平线找准,然后摊铺砂浆,一般 20mm 厚,待初凝后再用水抹子收压一遍,做到平、实,表面光滑。

2. 砖柱砌筑

砖柱是用烧结普通砖与水泥混合砂浆(或水泥砂浆)砌筑而

成。砖的强度等级应不低于 MU10,砂浆强度等级应不低于 M5。

砖柱的断面形状,一般采用方形或矩形。个别情况下,可采用八角形、圆形等。

砖柱依其断面大小有不同砌法。无论哪种砌法,应使柱面上下皮的竖向灰缝相互错开 1/2 砖长或 1/4 砖长,在柱心无通天缝,少打砖。严禁采用包心砌法,即先砌四周后填心的砌法。包心砌法的砖柱,从外面看来没有通缝,但在柱中间部分却有通天缝,整体性差,尤其在地震区或有振动的厂房内,包心柱往往沿着柱中心破坏,引起砖柱倒坍。图 2-11 是几种不同断面砖柱的正确砌法。图 2-12 是几种不同断面砖柱的错误砌法。

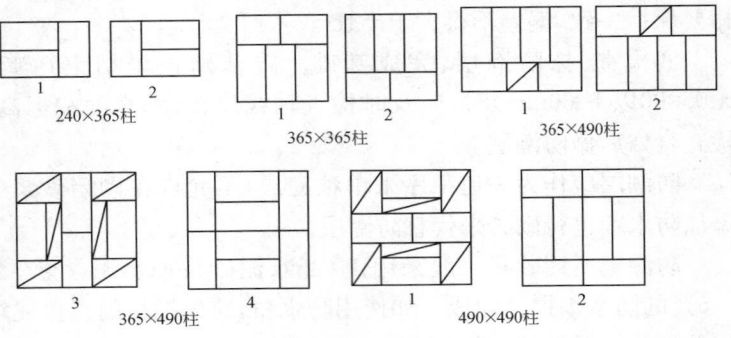

图 2-11　砖柱正确砌法

单独的砖柱砌筑,可立固定皮数杆,也可以经常用流动皮数杆检查高低情况。当几个砖柱同列在一条直线上时,可先砌两头砖柱,再在其间逐皮拉通线砌筑中间部分砖柱,这样易控制皮数正确,进出及高低一致。

砖柱四面都有棱角,在砌筑时一定要勤检查,尤其是下面几皮砖要吊直,并要随时注意灰缝平整,防止发生砖柱扭曲或砖皮

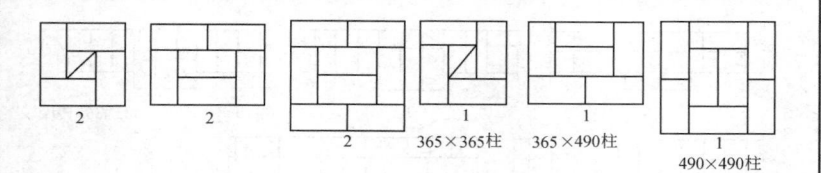

图 2-12　砖柱错误砌法

一头高、一头低等情况。砖柱表面的砖应边角整齐、色泽均匀。砖柱的水平灰缝厚度和竖向灰缝宽度宜为10mm左右。砖柱上不得留设脚手眼。

3. 砖垛砌筑

砖垛是用烧结普通砖与水泥混合砂浆砌成,砖的强度等级应不低于 MU10,砂浆的强度等级应不低于 M5。砖和砂浆的品种应与附墙相同。

砖垛砌法应根据墙厚及垛的断面尺寸而定。无论哪种砌法都应使垛与墙身逐皮搭接,切不可分离砌筑。搭接长度至少1/4砖长,争取搭接 1/2 砖长。砖垛根据错缝需要,可加砌七分头砖或半砖,但不得加砌二分头砖。

砖垛砌筑时,墙和垛应同时砌起,不能先砌墙后砌垛或先砌垛后砌墙。不得留设脚手眼。图 2-13 是一砖墙附不同尺寸砖垛的砌法。图 2-14 是一砖半墙附不同尺寸砖垛的砌法。

4. 空斗墙砌筑

空斗墙是用烧结普通砖砌成墙心有空气间层的墙。与实心墙相比,节省材料,减轻自重,降低造价,但保温性能和整体稳定性差。

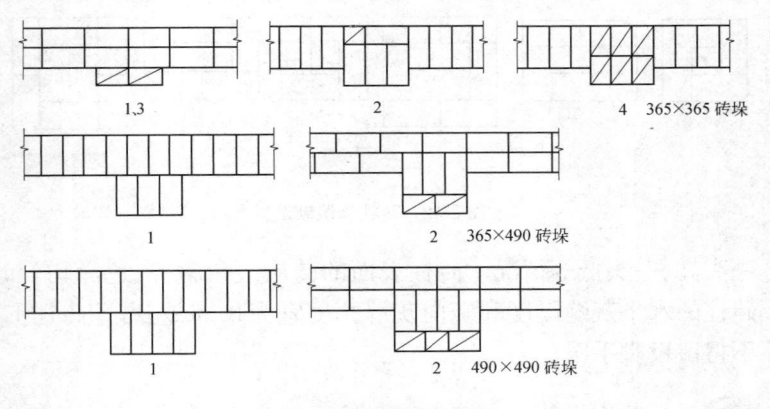

图 2-13　一砖墙附砖垛砌法

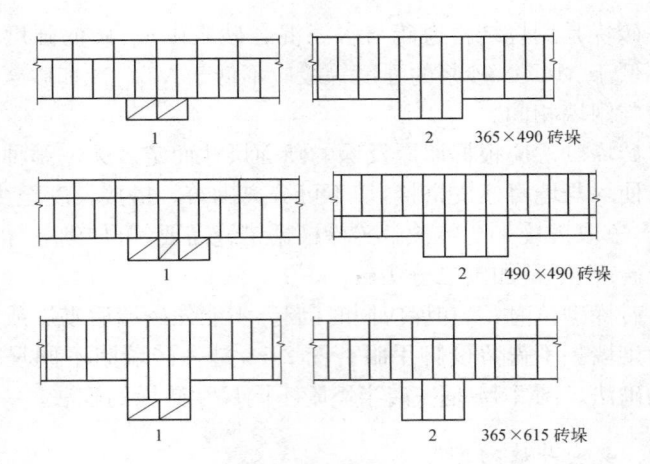

图 2-14　一砖半墙附砖垛砌法

（1）空斗墙的砌筑形式。

空斗墙的砌筑形式有一眠一斗、一眠二斗、一眠多斗、无眠空斗等（图 2-15）。

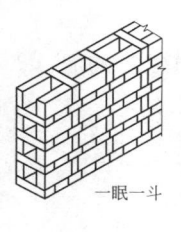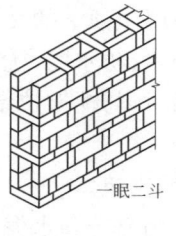

一眠一斗　　　　　无眠空斗　　　　　一眠二斗　　　　　一眠三斗

图 2-15　空斗墙砌筑法

大面向外平行于墙面的侧砌砖称为斗砖,垂直于墙面的平砌砖称为眠砖,垂直于墙面的侧砌砖称为丁砖。

空斗墙的所有斗砖或眠砖上下皮都要错缝。每隔一块斗砖必须砌 1~2 块丁砖,墙面不应有竖向通缝。

(2)空斗墙的适用范围。

空斗墙一般适用于 1~3 层低层民宅、单层仓库、食堂、振动较小的车间外墙,以及框架结构的填充墙。

空斗墙的整体稳定性差,不适用于下列地区或房屋:抗震设防区;地基可能不均匀沉降的房屋;长期处于潮湿的房屋;管道多的房屋。

空斗墙的抗压承载力低,下列部位应砌成实砌体(平砌或侧砌):

①墙的转角处和交接处。

②室内地坪以下的全部砌体。

③室内地坪和楼板面上 3 皮砖部分。

④三层房屋外墙底层窗台标高以下部分。

⑤楼板、圈梁、桷栅和檩条等支承面下 2~4 皮砖的通长部分,砂浆的强度等级不应低于 M2.5。

⑥梁和屋架支承处按设计要求实砌的部分。

⑦壁柱和洞口的两侧 240mm 范围内。

⑧屋檐和山墙压顶下的 2 皮砖部分。

⑨楼梯间的墙、防水墙、挑檐以及烟道和管道较多的墙。

⑩作填充墙时,与框架拉结筋的连接处。

⑪预埋件处。

(3)空斗墙的砌筑。

①空斗墙应用整砖和水泥混合砂浆砌筑。

②砌筑前应试摆,不够整砖处,可加砌丁砖,不得砍凿斗砖。

③在有眠空斗墙中,眠砖层与丁砖接触处,除两端外,其余部分不应填塞砂浆。

④空斗墙中留置的洞口,必须在砌筑时留出,严禁砌完后再进行砍凿。

⑤空斗墙与实砌体的竖向连接处,应相互搭砌。

⑥空斗墙的水平灰缝厚度和竖向灰缝宽度一般为 10mm,但不应小于7mm,也不应大于 13mm。

⑦空斗墙的尺寸和位置的偏差;如超过规定的限值时,应拆除重砌或作补救处理,不应采用敲击的方法矫正。

5. 砖筒拱砌筑

砖筒拱是由烧结普通砖与水泥混合砂浆砌成。砖的强度等级应不低于 MU10,砂浆的强度等级应不低于 M5。砖筒拱厚度一般为半砖,也可用一砖或一砖半。拱脚可用不小于一砖厚的普通砖墙或钢筋混凝土"⊥"形梁。拱脚斜面应与筒拱轴线相垂直。筒拱的纵向灰缝应与筒洪的横断面相垂直(图 2-16)。

砖筒拱砌筑前,应按设计图放实样配制模板。模板安装尺寸的允许偏差:在任何点上的竖向偏差,不应超过该点拱高的 1/200;拱顶位置沿跨度方向的水平偏差,不应超过矢高的 1/200。模板中间起拱高度可取跨度的 1/100。

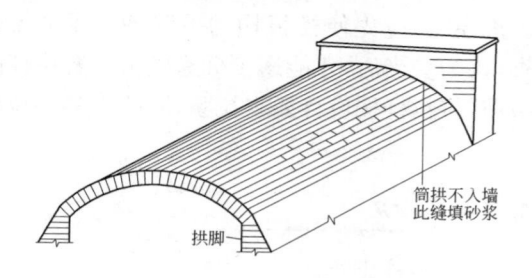

图 2-16　砖筒拱

待拱脚墙体的砂浆强度达到设计强度的 50％以上,并安装好模板,就可开始砌筑筒拱。

砌筑筒拱宜采用"满刀灰砌砖法"。从两侧拱脚处开始,同时对称地向拱冠砌筑,且正中一块砖必须挤紧。灰缝应全部用砂浆填满,拱底灰缝宽度应不小于 5mm,拱顶灰缝宽度应不大于15mm。横向灰缝相互错开 1/2 砖长。

筒拱分段砌筑时,接槎处应留成直槎,即隔皮伸出半砖长(图 2-17)。

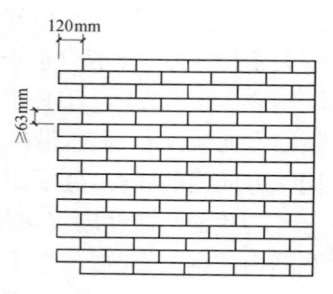

图 2-17　砖筒拱接槎

筒拱的纵向两端一般不砌入墙内,其两端与墙面接缝处用砂浆填塞。

穿过拱体的洞口应在砌筑时留出,洞口的加固环应与周围砌体紧密结合,已砌完的拱体不得任意凿洞。

筒拱砌完后应进行养护,养护期间内应防止雨水冲刷、外力冲击和振动。

筒拱的模板,应在保证横向推力不产生有害影响的条件下,方可拆除。拆模时,应先使模板均匀下降 50～200mm,并对拱体进行检查,认为妥当后,才能逐步拆除模板。有拉杆的筒拱应在拆除模板前,将拉杆按设计要求拉紧,同跨内各根拉杆的拉力应均匀。

6.配筋砌体砌筑

(1)网状配筋砖柱砌筑。

网状配筋砖柱宜采用不低于 MU10 的烧结普通砖与不低于 M5 的水泥砂浆砌筑。

钢筋网有方格网和连弯网两种。方格网的钢筋直径为 3～4mm,连弯网的钢筋直径不大于 8mm。钢筋网中钢筋的间距不应大于120mm,且不应小于 30mm。钢筋沿砖柱高度方向的间距不应大于 5 皮砖,且不应大于400mm。当采用连弯网时,网的钢筋方向应互相垂直,沿砖柱高度方向交错设置,连弯网间距取同一方向网的间距,见图 2-18。

网状配筋砖柱砌筑同普通砖柱一样要求。设置在砌体水平灰缝内的钢筋,应居中置于灰缝中。水平灰缝厚度应大于钢筋直径 4mm 以上。砌体外露面砂浆保护层的厚度不应小于 15mm。

设置在砌体水平灰缝内的钢筋应进行防腐保护,可在其表面涂刷钢筋防腐涂料或防锈剂。

(2)组合砖砌体砌筑。

组合砖砌体是由砖砌体和钢筋混凝土面层或钢筋砂浆面层组成的,有组合砖柱、组合砖垛、组合砖墙等,见图 2-19。

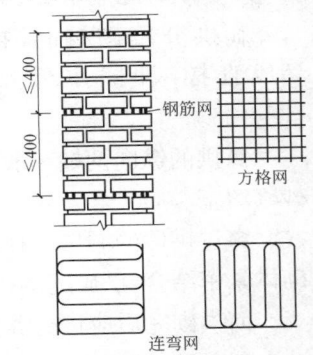

图 2-18　网状配筋砖柱

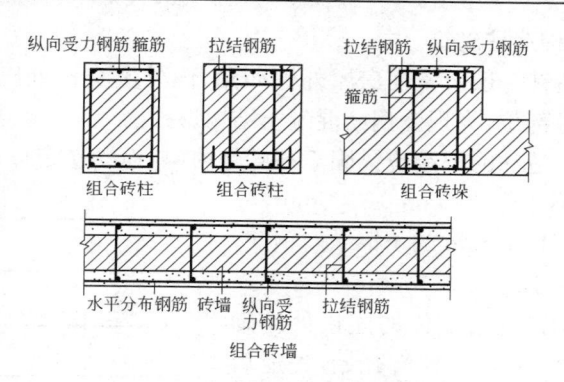

图 2-19　组合砖砌体

组合砖砌体所用砖的强度等级不应低于 MU10,砂浆强度等级不应低于 M5。面层厚度为 30～45mm 时,宜采用水泥砂浆,水泥砂浆强度等级不低于 M7.5。面层厚度大于 45mm 时,宜采用混凝土,混凝土强度等级宜采用 C15 或 C20。

受力钢筋宜采用 HRB300 级钢筋,对于混凝土面层也可采用 HRB300 级钢筋。受力钢筋的直径不应小于 8mm,钢筋的净间距不应小于 30mm。

箍筋的直径为 4～6mm,箍筋的间距为 120～500mm。

组合砖墙的水平分布钢筋竖向间距及拉结钢筋的水平间距,均不应大于 500mm。

组合砖砌体施工时,应先砌筑砖砌体部分,并按设计要求在砌体中放置箍筋或拉结钢筋。砖砌体砌到一定高度后(一般不超过一层楼的高度),绑扎受力钢筋和水平分布钢筋,支设模板,自浇水湿润砖砌体,浇筑混凝土面层或水泥砂浆面层。

当混凝土或水泥砂浆的强度达到设计强度 30% 以上时,方可拆除模板。

（3）构造柱砌筑。

构造柱一般设置在房屋外墙四角、内外墙交接处以及楼梯间四角等部位，为现浇钢筋混凝土结构形式。

①构造柱的下端应锚固于基础之内（与地梁连接）。构造柱的截面不小于 240mm×180mm，柱内配置直径 12mm 的 4 根纵向钢筋，箍筋间距不应大于 250mm。

②构造柱与墙体的连接处应砌成马牙槎，从每层柱脚开始，先退后进，每一马牙槎沿高度方向的尺寸不宜超过 300mm。沿墙高每隔500mm设置 2 根直径 6mm 的水平拉结钢筋，拉结钢筋每边伸入墙内

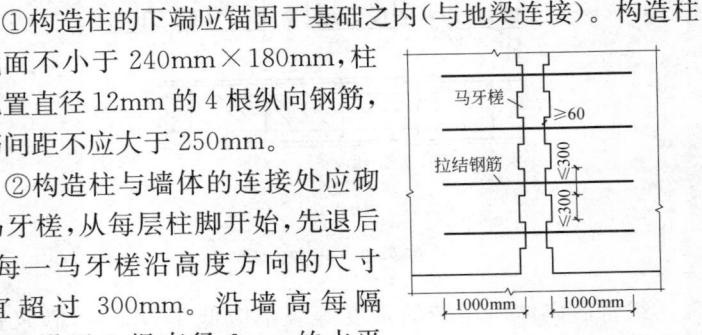

图 2-20　拉结筋布置和马牙槎

不宜小于 1m 见图 2-20。当墙上门窗洞口边到构造柱边（即墙马牙槎外齿边）的长度小于 1m 时，拉结钢筋则伸至洞口边止。

③施工时，应按先绑扎柱中钢筋、砌砖墙，再支模，后浇捣混凝土。

④砌筑砖墙时，马牙槎应先退后进，即每一层楼的砌墙开始砌第一个马牙槎应两边各收进 60mm，第二个马牙槎到构造柱边，第三个马牙槎再两边各收进 60mm，如此反复一直到顶。各层柱的底部（圈梁面上），以及该层二次浇筑段的下端位置留出 2 皮砖洞眼，供清除模板内杂物用，清除完毕应立即封闭洞眼。

⑤每层砖墙砌好后，立即支模。模板必须与所在墙的两侧严密贴紧，支撑牢固，防止板缝漏浆。

⑥浇筑混凝土前，必须将砌体和模板浇水湿润，并清除模板内的落地灰、砖碴等杂物。混凝土浇筑可以分段进行，每段高度不宜大于 2m。在施工条件较好并能确保浇筑密实时，亦可每层

浇筑一次。浇筑混凝土前,在结合面处先注入适量水泥砂浆,再浇筑混凝土。

⑦浇捣构造柱混凝土时,宜用插入式振动器,分层捣实,每次振捣层的厚度不应超过振捣棒长度的 1.25 倍。振捣时应避免振捣棒直接碰触砖墙,严禁通过砖墙传振。

⑧在砌完一层墙后和浇筑该层构造柱混凝土之前,是否对已砌好的独立墙片采取临时支撑等措施,应根据风力、墙高确定。必须在该层构造柱混凝土浇完后,才能进行上一层的施工。

(4)复合夹心墙砌筑。

复合夹心墙是由两侧砖墙和中间高效保温材料组成,两侧砖墙之间设置拉结钢筋,见图 2-21。

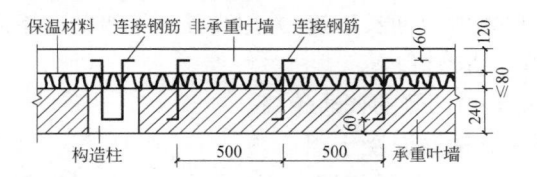

图 2-21　复合夹心墙水平剖面(单位:mm)

砖墙有承重墙和非承重墙,均用烧结普通砖与水泥混合砂浆(或水泥砂浆)砌筑,砖的强度等级不低于 MU10,砂浆强度等级不低于 M5。

承重砖墙的厚度不应小于 240mm,非承重砖墙的厚度不应小于 115mm,两砖墙之间空腔宽度不应大于 80mm。

拉结钢筋直径为 6mm,采用梅花形布置,沿墙高间距不大于 500mm,水平间距不大于 1m。拉结钢筋端头弯成直角,端头距墙面为 60mm。

复合夹心墙的转角处、内外墙交接处以及楼梯间四角等部位必须设置钢筋混凝土构造柱。非承重墙与构造柱之间应沿墙高设置 2 根 6mm 水平拉结钢筋,间距不大于 500mm。

　　复合夹心墙宜从室内地面标高以下 240mm 开始砌筑。可先砌承重砖墙,并按设计要求在水平灰缝中设置拉结钢筋,一层承重砖墙砌完后,清除墙面多余砂浆,在承重砖墙里侧铺贴高效保温材料,贴完整个墙面后,再砌非承重砖墙。当高效保温材料为松散体时,承重砖墙与非承重砖墙应同时砌筑,每砌高500mm,在砖墙之间空腔中填充高效保温材料,并在水平灰缝中放置拉结钢筋,如此反复进行,直到墙顶。

　　复合夹心墙的门窗洞口周边可采用丁砖或钢筋连接空腔两侧的砖墙。沿门窗洞口边的连接钢筋采用直径 6mm 的HRB300 级钢筋,间距为 300mm。连接丁砖的强度等级不低于MU10,沿门窗洞口通长砌筑,并用高强度等级的砂浆灌缝。

　　(5)填心墙砌筑。

　　填心墙是由两侧的普通砖墙与中间的现浇钢筋混凝土组成,两侧砖墙之间设置拉结钢筋。砖墙所用砖的强度等级不低于MU10,砂浆强度等级不低于 M5,砖墙厚度不小于 115mm。混凝土的强度等级不低于 C15。拉结钢筋直径不小于6mm,间距不大于500mm,见图 2-22。

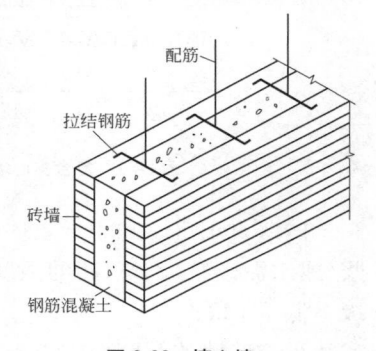

图 2-22　填心墙

　　填心墙可采用低位浇筑混凝土和高位浇筑混凝土两种施工方法。

　　低位浇筑混凝土:两侧砖墙每次砌筑高度不超过 600mm,砌筑中按设计要求在墙内设置拉结钢筋,拉结钢筋与钢筋混凝土中的配筋连接固定。当砌筑砂浆的强度达到使砖墙能承受浇筑混凝土的侧压力时,将落入两砖墙之间的杂物清除干净,并浇水湿润砖墙然后浇筑混凝土。这一过程反复进行,直至墙体全部完成。

高位浇筑混凝土:两侧砖墙砌至全高,但不得超过 3m。两侧砖墙的砌筑高度差不应大于墙内拉结钢筋的竖向间距。砌筑砖墙时按设计要求在墙内设置拉结钢筋,拉结钢筋与钢筋混凝土中的配筋连接固定。为了便于清理两侧砖墙之间空腔中的落地灰、砖渣等杂物,砌墙时在一侧砖墙的底部预留清理洞口,清理干净空腔内的杂物后,用同品种、同强度等级的砖和砂浆堵塞洞口。当砂浆强度达到使砖墙能承受住浇筑混凝土的侧压力时(养护时间不少于 3d),浇水湿润砖墙,再浇筑混凝土。

7. 砖墙面勾缝

(1)准备工作。

①清除墙面上黏结的砂浆残块和杂物等,并洒水湿润墙面。

②开凿瞎缝,并对缺棱掉角的部位用与墙面相同颜色的砂浆修补齐整。

③将脚手眼内清理干净,并洒水湿润,用与原墙相同的砖块补砌严密。

(2)勾缝。

砖墙面勾缝宜用细砂拌制的 1∶1.5 水泥砂浆,砂浆盛在灰板上,用勾缝条将砂浆压入灰缝中,同时压实拉平,勾成平缝或凹缝。勾水平缝宜自右向左进行,水平缝勾完一片后,再勾竖缝,竖缝应自上而下进行(图 2-23)。勾完一片后,立即清扫墙面,勿使砂浆沾污墙面。

混水砖墙可采用原浆勾缝,勾缝用砂浆与砌筑砂浆相同,勾

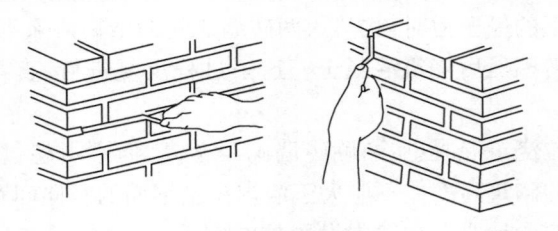

图 2-23　墙面勾缝

成平缝或凹缝。

　　墙面勾缝应横平竖直,深浅一致,搭接平整并压实抹光,不得有丢缝、开裂和黏结不牢等现象。

三、多孔砖、空心砖砌筑

1. 多孔砖砌筑

　　多孔砖墙是用 M 型多孔砖或 P 型多孔砖与强度等级不低于 M2.5 砂浆砌筑而成。

　　多孔砖不能用于砌基础、水箱、柱、过梁以及筒拱等。

　　(1)多孔砖墙的组砌形式。

　　多孔砖墙宜采用一顺一丁或梅花丁的砌筑形式。多孔砖的孔洞应垂直于受压面,见图 2-24。

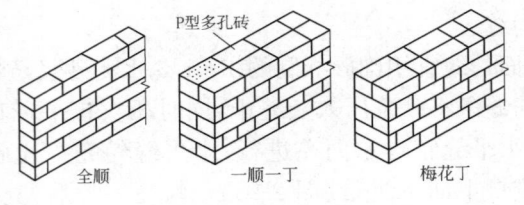

图 2-24　P 型多孔砖砌筑

(2)多孔砖墙施工要点。

①施工准备。多孔砖墙砌筑时,砖应提前 1～2d 浇水湿润,含水率宜为 10％～15％。

②排砖撂底。多孔砖墙排砖撂底时应按砖的尺寸和灰缝计算皮数和排数,水平灰缝厚度和竖向灰缝宽度为 8～12mm。多孔砖从转角或定位处开始向一侧排砖,内外墙同时排砖,纵横墙交错搭接,上下皮错缝搭砌。上下皮砖排通后,按排砖的竖缝宽度和水平缝厚度要求拉紧通线,完成撂底工作。

③砌筑墙身。多孔砖砌筑时,要注意上跟线、下对棱。灰缝应横平竖直,水平灰缝砂浆饱满度不得小于 80％;竖缝应刮浆适宜并加浆填灌,不得出现透明缝、瞎缝和假缝,严禁用水冲浆灌缝。多孔砖墙砌到高度 1.2m 以上时,脚手架宜提高小半步。

④砌筑转角及交接处。多孔砖墙的转角处和交接处应同时砌筑,严禁无可靠措施自内外墙分砌施工。对不能同时砌筑而又必须留置的临时间断处应砌成斜槎。M 型多孔砖墙的斜槎长度应不小于斜槎高度;P 型多孔砖墙的斜槎长度应不小于斜槎高度的 2/3。施工中不能留斜槎时,除转角处,可留直槎,但直槎必须做成凸槎,并应加设拉结钢筋,拉结筋的数量、间距、长度应满足设计要求。

⑤预埋木砖、铁件和脚手眼。多孔砖墙门、窗洞口的预埋木砖、铁件混凝土块等应采用与多孔砖横截面一致的规格。

多孔砖墙的下列部位不得设置脚手眼:宽度小于 1m 的窗间墙;过梁上与过梁成 60°角的三角形范围及过梁净跨度 1/2 的高度范围内;梁和梁垫下及其左右各 500mm 范围内;门、窗洞口两侧 200mm 和转角处 450mm 范围内。

⑥墙顶处理。多孔砖坡屋顶房屋的顶层内纵墙顶,宜增加支撑端山墙的踏步式墙垛。

2. 空心砖砌筑

空心砖墙是用各种规格的空心砖和强度等级不低于 M2.5 的砂浆砌筑而成。

空心砖墙仅作为隔墙，不能承重。

（1）空心砖墙的组砌形式。

空心砖墙宜采用"满刀灰刮浆法"进行砌筑。空心砖墙组砌为十字缝，上下皮竖缝相互错开 1/2 砖长，砖孔方向应符合设计要求。当设计无具体要求时，宜将砖孔置于水平位置；当砖孔垂直砌筑时，水平铺灰应用套板。砖竖缝应先挂灰后砌筑。空心砖墙底部应砌烧结普通砖或多孔砖，其高度不宜小于 200mm，见图 2-25。

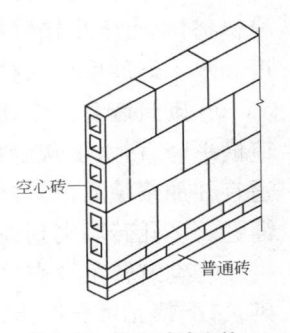

空心砖——

普通砖——

图 2-25　空心砖墙砌筑

（2）空心砖墙的施工要点。

①施工准备。空心砖的运输、装卸过程中，严禁抛掷和倾倒。进场后应按品种、规格分别堆放整齐，堆置高度不宜超过 2m。砌筑前 1～2 天浇水湿润，含水率宜为10%～15%。因空心砖不易砍砖，应准备切割用的砂轮锯砖机，以便组砌时用半砖或七分头。

②排砖撂底。空心砖墙排砖撂底时应按砖块尺寸和灰缝计算皮数和排数，水平灰缝厚度和竖向灰缝宽度为 8～12mm；排列时在不够半砖处，可用普通黏土砖补砌；门窗洞口两侧 240mm 范围内应用普通黏土砖排砌；每隔 2 皮空心砖高，在水平灰缝中放置两根直径 6mm 的拉结钢筋；上下皮砖排通后，应按排砖的竖缝宽度要求和水平灰缝厚度要求拉紧通线，完成撂

底工作。

③砌筑墙身。空心砖墙砌筑时,要注意上跟线、下对棱。砌到高度 1.2m 以上时,脚手架宜提高小半步,使操作人员体位高,调整砌筑高度,从而保证墙体砌筑质量。

④砌筑转角及丁字交接处。空心砖墙的转角处及丁字墙交接处,应用普通黏土砖实砌。转角处砖砌在外角上,丁字交接处砖砌在纵墙上。盘砌大角不宜超过 3 皮砖,且不得留直槎,砌筑过程中要随时检查垂直度和砌体与皮数杆的相符情况。内外墙应同时砌筑,如必须留搓,应砌成斜槎,斜槎长厚比应按砖的规格尺寸确定。

⑤墙顶砌筑。空心砖墙砌至接近上层梁、板底时,应留一定空隙,待墙砌筑完并应至少间隔 7d 后,再采用侧砖、立砖、砌块斜砌挤紧,其倾斜度宜为 60°左右,砌筑砂浆应饱满。

⑥墙与柱连接。空心砖墙与框架柱相接处,必须把预埋在框架柱中的拉结筋砌入墙内。拉结筋的规格、数量、间距、长度应符合设计要求。空心砖墙与框架柱之间缝隙应采用砂浆填满。

⑦预留孔洞。空心砖墙中不得留设脚手眼。墙上的管线留置方法,当设计无具体要求时,可采用弹线定位后凿槽或开槽,不得斩砖预留槽。

⑧灰缝要求。空心砖墙的灰缝应横平竖直,砂浆密实,水平灰缝砂浆饱满度不得低于 80%,竖缝不得出现透明缝、瞎缝和假缝。

⑨高度控制。空心砖墙每天砌筑高度不得超过 1.2m。

四、砌石工程

1. 砌毛石

(1)毛石基础砌筑。

　　毛石基础所用毛石应质地坚实、无风化剥落和裂纹,毛石中部厚度不宜小于150mm。砌筑砂浆宜用水泥砂浆或水泥混合砂浆,砂浆强度等级应不低于M5。毛石强度等级不低于M20。

　　毛石基础砌筑前,应清除基槽底杂物;在基槽底面上弹出基础中心线及两侧边线;在基础两端立起样架,在两样架之间拉准线,依准线进行砌筑。

　　毛石基础的第一皮石块应坐浆,即先在基槽底摊铺砂浆,再将石块砌上,并使石块大面向下。以后各皮均应先铺浆后砌石,各皮石块间利用自然形状经敲打修整,使其能与先砌石块基本吻合,搭砌紧密,上下错缝,不得采用外面侧立石块中间填心的砌筑方法。石块间不得有相互接触现象,灰缝厚度宜为20～30mm。石块间较大的空隙应先填砂浆后用碎石嵌实,不得采用先摆碎石后塞砂浆或干填碎石的方法。

　　毛石基础的第一皮及转角处、交接处,应用较大的平毛石砌筑。毛石基础同皮内每隔2m左右应砌一块拉结石。拉结石长度:基础宽度不大于400mm时,拉结石长度与基础宽度相等;基础宽度大于400mm时,可用两块拉结石内外搭接,搭接长度不小于150mm,且其中一块长度不小于基础宽度的2/3。

　　毛石基础的扩大部分,如砌成阶梯形,上阶的石块至少压砌下阶石块的1/3,相邻阶梯的毛石应相互错缝砌(图2-26)。毛石基础的最上一皮宜选用较大的毛石砌筑,并使其顶面基本平整。毛石基础每日砌筑高度不应超过1.2m。毛石基础临时间断处应砌成斜槎。毛石基础中不得有铲口石(尖石倾斜向外)、斧刃石和过桥石(仅在两端砌的石块)。

图2-26　阶梯形毛石基础

（2）毛石墙砌筑。

毛石墙所用毛石应质地坚实、无风化剥落和裂纹；用于清水墙表面的毛石还应色泽均匀。毛石应呈块状，中部厚度不宜小于 150mm。砌筑砂浆宜用水泥砂浆或水泥混合砂浆，砂浆强度等级应不低于 M2.5。

毛石墙砌筑前，应清理基础顶面；在基础顶面上弹出墙体中心线及边线；在墙体两端立起皮数杆，在两皮数杆之间拉准线，依准线进行砌筑。

毛石墙的砌筑方法同毛石基础。毛石墙的第一皮及转角处、交接处和洞口处，应用较大的平毛石砌筑。每个楼层的最上一皮，宜选用较大的毛石砌筑。

毛石墙必须设置拉结石，拉结石应均匀分布，相互错开，一般每 0.7m² 墙面至少设一块，且同皮内的中距不大于 2m。墙厚等于或小于 400mm 时，拉结石长度等于墙厚；墙厚大于 400mm 时，可用两块拉结石内外搭砌，搭接长度不小于 150mm，且其中一块长度不小于墙厚的 2/3。

在毛石与实心砖的组合墙中，毛石墙与砖墙应同时砌筑，并每隔 4～6 皮砖用 2～3 皮砖与毛石墙拉结砌合，两种墙体间的空隙应用砂浆填满（图 2-27）。

毛石墙与砖墙相接的转角处和交接处应同时砌筑。在转角处，应自纵墙（或横墙）每隔 4～6 皮砖高度引出不小于 120mm 的阳槎与横墙相接（图 2-28）。在丁字交接处，应自纵墙每墙 4～6 皮砖高度引出不小于 120mm 与横墙相接（图 2-29）。

砌毛石挡土墙，每砌 3～4 皮为一个分层高度，每个分层高度应找平一次。外露面的灰缝厚度不得大于 40mm，两个分层高度间的错缝不得小于 80mm（图 2-30）。毛石墙每日砌筑高度不应超过 1.2m。毛石墙临时间断处应砌成斜槎。

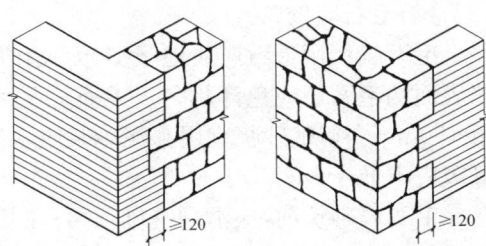

图 2-27　毛石与砖组合墙　　　图 2-28　转角处毛石墙与砖墙相接

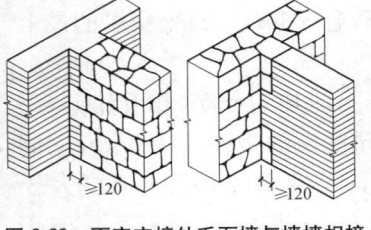

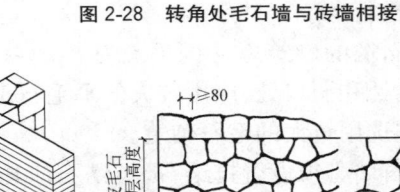

图 2-29　丁字交接处毛石墙与墙墙相接　　　图 2-30　毛石挡土墙

2. 砌料石

(1)料石基础砌筑。

料石基础宜用粗料石或毛料石与水泥砂浆砌筑。料石的宽度、厚度均不宜小于 200mm,长度不宜大于厚度的 4 倍。料石强度等级应不低于 M20。砂浆强度等级应不低于 M5。

料石基础砌筑前,应清除基槽底杂物;在基槽底面上弹出基础中心线及两侧边线;在基础两端立起皮数杆,在两皮数杆之间拉准线,依准线进行砌筑。

料石基础的第一皮石块应坐浆砌筑,即先在基槽底摊铺砂浆,再将石块砌上,所有石块应丁砌,以后各皮石块应铺灰挤砌,上下错缝,搭砌紧密,上下皮石块竖缝相互错开应不少于石块宽度的 1/2。料石基础立面组砌形式宜采用一顺一丁,即一皮顺石与一皮丁石相间。

阶梯形料石基础,上阶的料石至广泛压砌下阶料石的 1/3,见图 2-31。

料石基础的水平灰缝厚度和竖向灰缝宽度不宜大于20mm。灰缝中砂浆应饱满。

料石基础宜先砌转角处或交接处,再依准线砌中间部分,临时间断处应砌成斜槎。

(2)料石墙砌筑。

料石墙宜用细料石、半细料石、粗料石或毛料石与水泥砂浆(或水泥混合砂浆)砌筑。料石强度等级应不低于 M15,砂浆强度等级应不低于 M2.5。料石的宽度、厚度均不宜小于200mm,长度不宜大于厚度的 4 倍。

料石墙宜采用铺灰挤砌法进行砌筑,上下皮石块应相互错缝,错缝宽度应不小于石块宽度的 1/2。

料石墙的立面组砌形式有全顺、二顺一丁和丁顺组砌。全顺是每皮均为顺石;二顺一丁是每隔二皮顺石砌一皮丁石;丁顺组砌是同皮内每砌几块顺石砌一块丁石,见图 2-32。

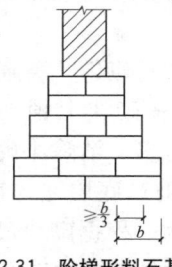

图 2-31　阶梯形料石基础

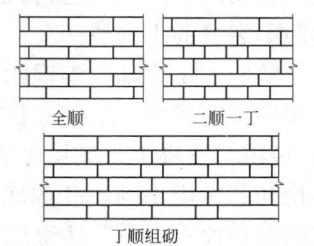

图 2-32　料石墙立面组砌形式

料石墙的灰缝厚度,应按料石种类确定,细料石墙不宜大于 5mm,半细料石墙不宜大于 10mm,粗料石和毛料石墙不宜大于 20mm。灰缝中砂浆应饱满。

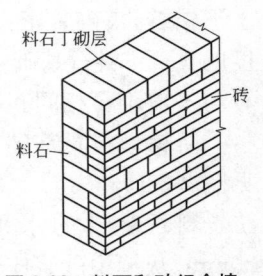

图 2-33　料石和砖组合墙

在料石和砖的组合墙中,料石墙和砖墙应同时砌筑,并每隔 2~3 皮料石用丁砌石与砖墙拉结砌合,丁砌石的长度宜与组合墙厚度相等,见图 2-33。

料石墙宜从转角处或交接处开始砌筑,再依准线砌中间部分,临时间断处应砌成斜槎,斜槎长度应不小于斜槎高度。料石墙每日砌筑高度宜不超过1.2m。

五、砌小砌块工程

1. 砌混凝土空心小砌块

(1)施工准备。

运到现场的小砌块,应分规格、分等级堆放,堆放场地必须平整,并作好排水。小砌块的堆放高度不宜超过 1.6m。对于砌筑承重墙的小砌块应进行挑选,剔出断裂小砌块或壁肋中有竖向凹形裂缝的小砌块。

龄期不足 28d 及潮湿的小砌块不得进行砌筑。普通混凝土小砌块不宜浇水;当天气干燥炎热时,可在砌块上稍加喷水润湿;轻集料混凝土小砌块可洒水,但不宜过多。清除小砌块表面污物和芯柱用小砌块孔洞底部的毛边。砌筑底层墙体前,应对基础进行检查。清除防潮层顶面上的污物。根据砌块尺寸和灰缝厚度计算皮数,制作皮数杆。皮数杆立在建筑物四角或楼梯间转角处。皮数杆间距不宜超过 15m。准备好所需的拉结钢筋或钢筋网片。根据小砌块搭接需要,准备一定数量的辅助规格的小砌块。砌筑砂浆必须搅拌均匀,随拌随用。

(2)普通小砌块墙砌筑。

混凝土空心小砌块墙是由普通混凝土空心小砌块或轻集料混凝土空心小砌块与水泥砂浆(或水泥混合砂浆)砌筑而成。承重结构砌块强度等级应不低于 MU5;砂浆强度等级应不低于 M5。

混凝土空心小砌块墙的厚度一般为 190mm(单排),特殊情况下,墙厚为 390mm(双排)。

混凝土空心小砌块宜采用铺灰反砌法进行砌筑。先用大铲或瓦刀在墙顶上摊铺砂浆,铺灰长度不宜超过 800mm,再在已砌砌块的端面上刮砂浆,双手端起小砌块,并使其底面向上,摆放在砂浆层上,并与前一块挤紧,并使上下砌块的孔洞对准,挤出的砂浆随手刮去。

混凝土空心小砌块墙的立面组砌形式仅有全顺一种,上、下竖向相互错开 190mm;双排小砌块墙横向竖缝也应相互错开 190mm,见图 2-34。

在小砌块墙的转角处,应使纵横墙的砌块隔皮相互搭砌,露头的砌块端面应用水泥砂浆抹平,见图 2-35。

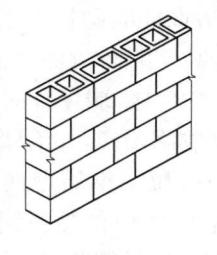

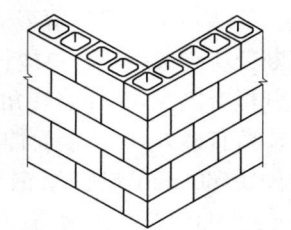

图 2-34　混凝土空心小砌块墙的
　　　　　立面组砌形式

图 2-35　混凝土空心小砌块墙转角

　　在小砌块墙的丁字交接处,应使横墙的砌块隔皮露头,纵墙加砌辅助砌块(一孔半)。如没有辅助砌块,则会造成三皮砌块高的竖向通缝,为此,宜采用大砌块(三孔)错缝(图 2-36)。露头的砌块应用水泥砂浆抹平。

　　混凝土小砌块应对孔错缝搭砌。个别情况当无法对孔砌筑时,普通混凝土小砌块的搭接长度不应小于 90mm,轻集料混凝土小砌块不应小于 120mm;当不能保证此规定时,应在水平灰缝中设置拉结钢筋或钢筋网片,钢筋直径宜为4～6mm,拉结钢筋和钢筋网片长度宜不小于 700mm,见图 2-37。

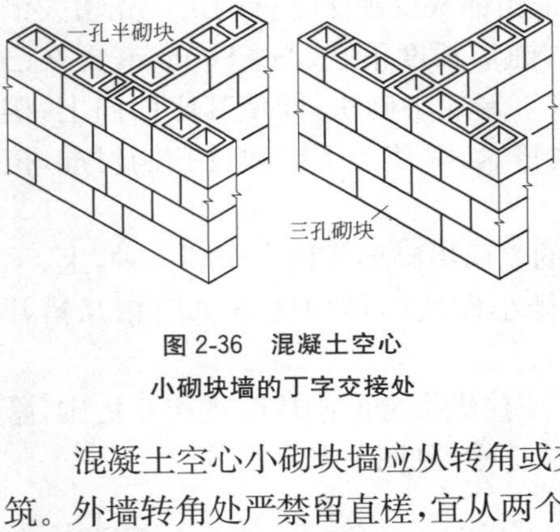

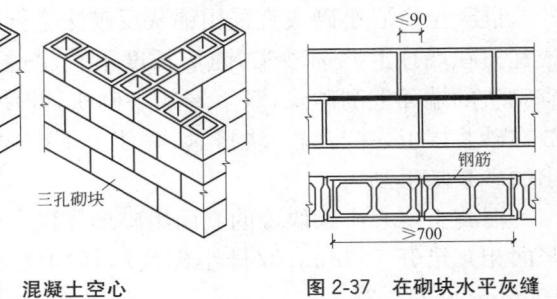

图 2-36　混凝土空心
小砌块墙的丁字交接处

图 2-37　在砌块水平灰缝
中设钢筋网片(单位:mm)

　　混凝土空心小砌块墙应从转角或交接处开始,纵横墙同时砌筑。外墙转角处严禁留直槎,宜从两个方向同时砌筑。墙体临时间断处应砌成斜槎。斜槎长度不应小于高度的 2/3(图 2-38)。如留斜槎有困难,除外墙转角处及抗震设防地区,墙体临时间断处不应留直槎外,可从墙面伸出 200mm 砌成阴阳槎,并沿墙高每三皮砌块(600mm)设拉结钢筋或钢筋网片,拉结钢筋用两根直径6mm 的 HRB300 级钢筋;钢筋网片用直径 4mm 的冷拔钢丝。埋入长度从留槎处算起,每边均不小于 600mm,见图 2-39。

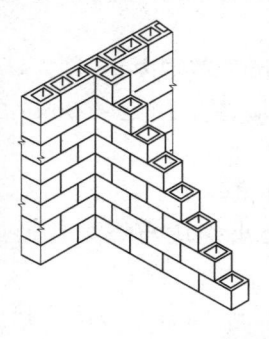

图 2-38　混凝土空心小砌块墙斜槎

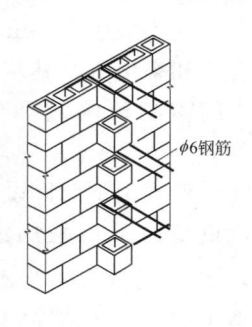

图 2-39　混凝土空心小砌块墙阴阳槎

$\phi6$钢筋

小砌块墙的水平灰缝厚度和竖向灰缝宽度应控制在 8～12mm。

墙体灰缝应横平竖直,全部灰缝均应填满砂浆。水平灰缝的砂浆饱满度不得低于 90%,竖向灰缝的砂浆饱满度不得低于 80%,不得出现瞎缝、透明缝。严禁用水冲浆灌缝。

需要移动已砌好墙体的小砌块或被撞动的小砌块时,应重新铺浆砌筑。

小砌块用于框架填充墙时,应与框架中预埋的拉结钢筋连接。当填充墙砌至顶面最后一皮,与上部结构相接处宜用实心小砌块(可在砌块孔洞中填 C15 混凝土)斜砌挤紧。

对设计规定的洞口、管道、沟槽和预埋件等,应在砌筑时预留或预埋,严禁在砌好的墙体上打凿。在小砌块墙体中不得留水平沟槽。

小砌块墙体内不宜留脚手眼,如必须留设时,可用 190mm×190mm×190mm小砌块侧砌,利用其孔洞作脚手眼,墙体完工后用 C15 混凝土填实。但在墙体下列部位不得留设脚手眼:

①过梁上部,与过梁成 60°角的三角形及过梁跨度 1/2 范围内。

②宽度不大于 800mm 的窗间墙。

③梁和梁垫下及其左右各 500mm 的范围内。

④门窗洞口两侧 200mm 内和墙体交接处 400mm 的范围内。

⑤设计规定不允许设脚手眼的部位。

承重墙体不得采用混凝土空心小砌块与烧结普通砖等混砌。

施工中需要在墙体中留临时施工洞口,其侧边离交接处的墙面不应小于 600mm,并在顶部设过梁;填砌施工洞口的砌筑砂浆强度等级应提高一级。

常温条件下,普通混凝土空心小砌块的日砌高度应不超过 1.8m;轻集料混凝土空心小砌块日砌高度应不超过 2.4m。

(3)芯柱施工

混凝土空心小砌块墙的下列部位宜设置芯柱,见图 2-40。

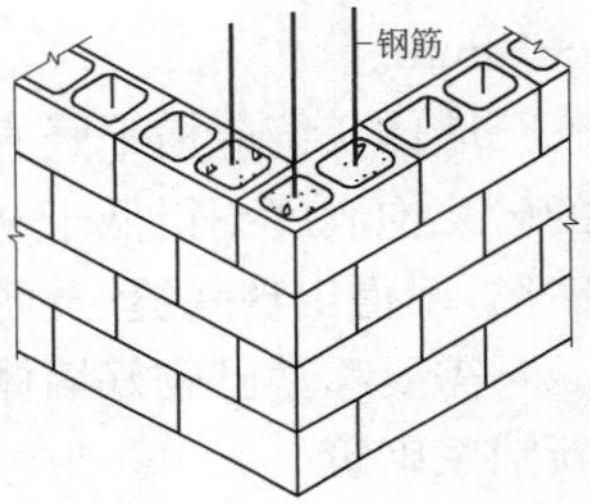

图 2-40　芯柱

①在外墙转角、楼梯间四角的纵横墙交接处的三个孔洞,宜设置混凝土芯柱。

②五层及五层以上的房屋,应在上述部位设置钢筋混凝土芯柱。

混凝土芯柱宜用不低于 C15 的细石混凝土浇筑。钢筋混凝土芯柱宜用不低于 C15 的细石混凝土浇筑,每孔内插入不小于 1 根直径 10mm 的钢筋,钢筋底部伸入室内地面下 500mm 或与基础圈梁锚固,顶部与屋盖圈梁锚固。

芯柱应沿房屋全高贯通,并与各层圈梁整体现浇。

在钢筋混凝土芯柱处,沿墙高每隔 600mm 应设直径 4mm

钢筋网片拉结,每边伸入墙体不小于 600mm。

芯柱部位宜采用不封底的通孔小砌块,当采用半封底小砌块时,砌筑前应打掉孔洞毛边。

在楼地面砌筑第一皮小砌块时,在芯柱部位应用开口砌块(或 U 型砌块)砌出操作孔,在操作孔侧面宜预留连通孔,必须清除芯柱孔洞内的杂物及削掉孔内凸出的砂浆,用水冲洗干净,校正钢筋位置并绑扎或焊接固定后,方可浇筑混凝土。

砌完一个楼层高度后,应连续浇筑芯柱混凝土。每浇筑 400～500mm 高度捣实一次,或边浇筑边捣实。浇筑混凝土前,宜先灌入适量水泥浆。捣实混凝土应用插入式振动器。混凝土坍落度不小于 50mm。

芯柱钢筋应与基础或基础梁中的预埋钢筋连接,上下楼层的钢筋可在楼板面上搭接,搭接长度不应小于 40 倍钢筋直径。

砌筑砂浆达到 1MPa 强度后方可浇筑芯柱混凝土。

2. 砌加气混凝土小砌块墙

加气混凝土小砌块墙是由加气混凝土小砌块与水泥砂浆(或专用砂浆)砌筑而成。砂浆的强度等级不应低于 M5。加气混凝土小砌块施工时的含水率宜小于 15%。

砌筑墙体前,应根据房屋立面及剖面图、砌块规格等绘制砌块排列图(水平灰缝按 15mm,垂直灰缝按 20mm),按排列图制作皮数杆,皮数杆立于墙体转角处和交接处。

加气混凝土小砌块一般采用铺灰刮浆法,即先用瓦刀或专用灰铲在墙顶上摊铺砂浆,在已砌的砌块端面刮浆,然后将小砌块放在砂浆层上并与前块挤紧,随手刮去挤出的砂浆。也可采用只摊铺水平灰缝的砂浆,竖向灰缝用内外临时夹板灌浆。

砌筑时,上下皮砌块应相互错缝,错缝长度应不小于砌块长度的 1/3,并不小于 150mm。如不能满足时,在水平灰缝中应设置 2 根直径 6mm 的钢筋或直径 4mm 的钢筋网片加强,加强筋长度不小于 700mm。

承重加气混凝土小砌块墙的转角处及交接处,应沿墙高每隔 1m 左右在水平灰缝中铺设拉结钢筋,拉结钢筋用 3 根直径 6mm 的 HRB300 级钢筋(Ⅰ级钢筋),钢筋每边伸入墙内为 1000mm。非承重墙体的转角处及与承重墙体的交接处改用两根直径6mm的拉结钢筋,伸入长度为 700mm,见图 2-41。

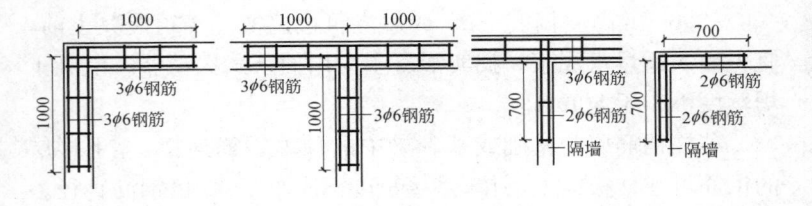

图 2-41　水平灰缝中拉结钢筋

加气混凝土小砌块墙的转角处及交接处,应使纵横墙砌块隔皮搭接。

灰缝中砂浆应饱满。水平灰缝的厚度不应大于 15mm,竖向灰缝宽度不应大于 20mm。

切锯砌块时应使用专用锯(可用木工废带锯条改制),不得用斧或瓦刀任意砍劈。洞口两侧应选用规则整齐的砌块砌筑。洞口下部在水平灰缝中应放置 3 根直径 6mm 的钢筋,伸过洞口两边长度每边不得小于 500mm。

砌筑外墙及非承重隔墙时,不得留脚手眼。

不同干容重和强度等级的加气混凝土小砌块不应混砌,也不得用其他砖或砌块混砌。填充墙底、顶部及门窗洞口处局部采用烧结普通砖或多孔砖砌筑不视为混砌。

3. 砌粉煤灰砌块墙

粉煤灰砌块墙可用粉煤灰砌块与水泥混合砂浆砌成。砌块的强度等级不低于 MU10,砂浆的强度等级不低于 M2.5。

粉煤灰砌块墙的砌筑方法宜采用"铺灰灌浆法",即先在墙顶上摊铺砂浆,随后将粉煤灰砌块按砌筑位置摆放在砂浆层上,并与已砌的砌块间留出不大于20mm的空隙。砌上几块后,可以灌竖缝。为了防止漏浆,可用泡沫塑料条嵌塞在竖缝两侧(或用木板挡住),从灌浆槽中逐步灌入砂浆,直至齐砌块面为止,待砂浆凝固后才能取去泡沫塑料条,见图 2-42。

粉煤灰砌块是立砌的,立面组砌形式只有全顺一种。上下皮砌块的竖缝相互错开 440mm,个别情况下相互错开不小于 150mm。

粉煤灰砌块墙水平灰缝厚度应不大于 15mm,竖向灰缝宽度应不大于20mm(灌浆槽处除外),水平灰缝砂浆饱满度应不小于 90%,竖向灰缝砂浆饱满度应不小于 80%。

粉煤灰砌块墙的转角处及丁字交接处,可使隔皮砌块露头,但应锯平灌浆槽,使砌块端面为平整面,见图 2-43。

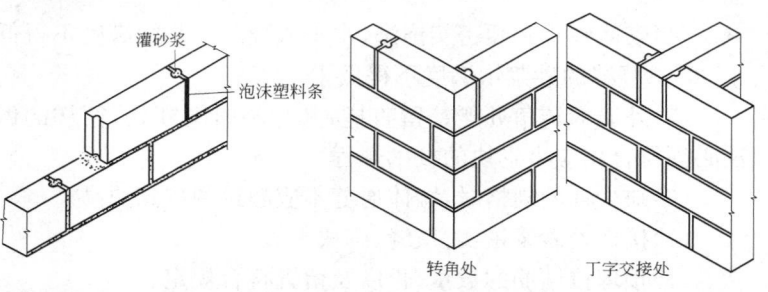

图 2-42　粉煤灰砌块墙砌筑　　图 2-43　粉煤灰砌块墙的转角及丁字交接处

粉煤灰砌块墙中门窗洞口的周边,宜用烧结普通砖砌筑,砌筑宽度应不小于半砖。

粉煤灰砌块墙与承重墙(或柱)交接处,应沿墙高 1.2m 左右在水平灰缝中设置 3 根直径 4mm 的拉结钢筋,拉结钢筋伸入承重墙内及砌块墙的长度均不小于 700mm。

切锯粉煤灰砌块应使用专用手锯,不得用斧任意砍凿。

砌筑粉煤灰砌块墙,不得留脚手眼。

4.砌小砌块工程质量要求

小砌块砌体工程质量要求如下:

(1)小砌块的品种、强度等级必须符合设计要求。

(2)砂浆品种必须符合设计要求。

(3)砂浆试块强度按下列要求:

①同一验收批砂浆立方体抗压强度各组平均值应等于或大于验收批砂浆设计强度等级所对应的立方体抗压强度。

②同一验收批中砂浆立方体抗压强度的最小一组平均值应不小于0.75倍验收批砂浆设计强度等级所对应的立方体抗压强度。

(4)砌体砂浆必须密实饱满,水平灰缝的砂浆饱满度不得低于 90%;竖缝的砂浆饱满度不得低于 80%。

(5)外墙的转角处严禁留直槎,其它临时间断处,留槎的做法必须符合相应小砌块的技术规程。

(6)缺少辅助规格时,墙体通缝不应超过两皮砌块高。

(7)接槎处砂浆密实,灰缝、砌块平直。

(8)预埋拉结筋的数量、长度及留置符合规定。

(9)小砌块砌体的尺寸、位置的允许偏差和检验方法应符合表 2-1 的规定。

表 2-1　　　　　　　　　　　小砌块砌体允许偏差项目

项次	项目		允许偏差/mm	检查方法
1	轴线位移		10	用经纬仪或拉线和尺检查
2	基础顶面或楼面标高		±15	用水准仪或尺检查
3	墙面垂直度	每　层	5	用吊线法检查
		全　高 ≤10m	10	用经纬仪或吊线和尺检查
		全　高 >10m	20	
4	表面平整度	清水墙、柱	5	用 2m 靠尺检查
		混水墙、柱	8	
5	水平灰缝平直度	清水墙 10m 以内	7	拉 10m 线和尺检查
		混水墙 10m 以内	10	
6	水平灰缝厚度（连续 5 皮砌块累计数）		±10	用尺量检查
7	垂直灰缝宽度（连续 5 皮砌块累计数）包括凹面深度		±15	用尺量检查
8	门窗洞口（以塞框）	宽度	±5	用尺量检查
		高度	+15,−5	

注：本表是混凝土小型空心砌块砌体的允许偏差项目，其它小砌块砌体可参照。

六、小型构筑物砌筑

1. 烟囱

（1）砖烟囱的构造。

砖烟囱的构造分为基础、筒身、内衬、隔热层及附属设施（如铁爬梯、箍筋圈、避雷针等），见图 2-44。

①砖烟囱基础。烟囱基础的构造在平面上一般为圆形。它是由垫层、底板、杯口、烟道口、人孔、内衬、排水坡组成。

烟囱基础通常采用在现浇混凝土底板上砌筑大放脚基础，

再收退到筒身底部的壁厚为止。

②砖烟囱筒身。烟囱筒身外形分为方、圆两种。砖烟囱筒身按高度分成若干段,每段的高度为 10m 左右,最多不超过 15m;筒壁坡度宜采用 2‰~3‰;筒壁厚度由下至上减薄。当筒身顶口内径不大于 3m 时,筒壁最小厚度为 240mm;当筒身顶口内径大于 3m 时,筒壁最小厚度为 370mm,每一段的厚度相同。

砖烟囱顶部应向外侧加厚,加厚厚度以 180mm 为宜,并以阶梯形向外挑出,每阶挑出不宜超过 60mm,加厚部分的上部应做 1∶3 水泥砂浆排水坡。内衬到顶的烟囱,其顶部应设钢筋混凝土压顶板。

砖烟囱的筒身应采用优等烧结普通黏土砖与水泥混合砂浆(或水泥砂浆)砌筑,砖的强度等级不低于 MU10,砂浆强

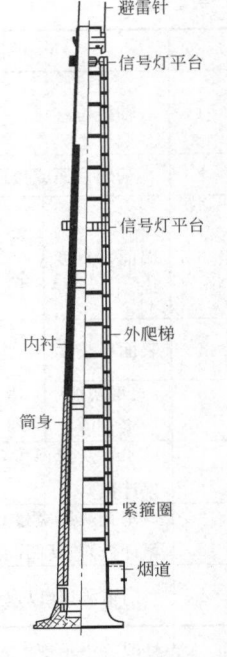

图 2-44　砖烟囱筒身构造

度等级不低于 M5。筒身顶部和底部各 5m 左右高度内,砂浆强度等级应提高一级。

③内衬。砖烟囱筒身内衬悬臂,应以台阶形式向内挑出,其宽度为内衬和隔热层的总厚度。每一台阶的高度一般为:第一阶不小于 120mm;第二阶不小于 180mm;第三阶不小于 240mm;第四阶不小于 360mm。每一台阶的挑出宽度应不大于 60mm。

砖烟囱局部设置内衬时,其最低设置高度应超过烟道孔顶,超出高度不应小于 1.2 倍孔高。一般内衬的厚度应通过计算确

定。烟道进口处一节的筒壁或基础内衬厚度,不应小于200mm或一砖,其他各节不应小于100mm或半砖。两节内衬的搭接长度不应小于 360mm 或 6 皮砖。

筒身内衬应根据筒身内温度,分别采用耐火砖(高于500℃)和 MU10 黏土砖(低于 500℃)砌筑。内衬砌筑时,常用下列砂浆或泥浆:普通黏土砖内衬当废气温度在 400℃ 以下时,可用 M2.5 水泥混合砂浆砌筑;当废气温度在 400℃ 以上时,可用黏土砂浆砌筑。

④隔热层。隔热层设置在内衬和筒壁之间。

隔热层分为空气隔热层和填料隔热层两种。

a. 空气隔热层。厚度一般为 50mm,同时在内衬外表面按纵向间距 1m,环向间距 0.5m 的要求挑出一块顶砖,顶砖与筒壁间应留出 10mm 宽的缝隙。

b. 填料隔热层。用高炉矿渣、蛭石、矿渣棉等松散的材料作为隔热层时,填料层的厚度一般为 80~200mm。还应在内衬外表面按纵向间距 1.5~2.5m 设置一圈防沉带。防沉带与筒壁间应留 10mm 宽的温度缝。

采用空气隔热层在内衬外表面挑出的顶砖和采用填料隔热层在内衬外表面设置的防沉带,应在砌筑内衬时按设计要求完成。

⑤附属设施。

a. 环形钢筋箍。砖烟囱的筒身应配置直径为 6mm 或直径为 8mm 的环形钢筋箍,间距不应大于 8 皮砖。同一平面内环形箍筋不宜多于 2 根,2 根钢筋的间距为 30mm,钢筋搭接长度为 $40d$,接头位置互相错开,钢筋的保护层为 30mm。

b. 烟囱的外爬梯。为观察及维修烟囱之用,同时也是为了检查及修理信号灯、避雷针等设施时使用。

　　砖烟囱的外爬梯,用直径 19~25mm 的圆钢搣成,末端向上,弯曲约 40mm;每隔 5 皮砖左右交错埋置一个,埋入砌体内的深度不得小于 240mm,露在筒身外面长度为 200mm。高度在 50m 以下的砖烟囱,从离地面 15m 起,每隔 10m 安装一个休息爬梯。高度大于 50m 的烟囱,爬梯应设置围栏及可折叠的休息板。

　　砖烟囱的爬梯、围栏及其他埋设金属件,应在筒壁砌筑过程中安装,并在安装前将外露部分涂刷防锈剂,安装后在连接处再补刷一遍。烟囱附件的螺栓均应拧紧,不得遗漏。爬梯及其围栏应上下对正。

　　c.避雷设施。烟囱是矗立在高空中的构筑物,为防止雷击,须装置避雷设施。

　　避雷设施包括避雷针、导线及接地极等。避雷针用直径 38mm、长 3.5m 的镀锌钢管制成,顶部尖端应超过烟囱筒身顶 1.8m;避雷针的数量取决于烟囱的高度与筒口的直径。避雷针用直径 10~12mm 的镀锌钢绞线连成一体,下端连接点与导线用铜焊焊接严密。导线沿外爬梯至地下与接地极扁钢带焊接。

　　接地是由镀锌扁钢带与数根接地极焊接而成。接地极用直径 50mm 的镀锌钢管或角钢制作,沿烟囱基础四周成环形布置,并用镀锌扁钢带焊接在一起,最好在基础回填土时埋设。接地极的数量根据土的种类而定。

2. 圆烟囱砌筑

　　(1)定位放线。

　　底板施工完毕后,对烟囱前后左右的标志板用经纬仪校准检查,确定烟囱中心点后,用线坠把中心点引到基础面上,并在中心点处安设中心桩,然后在桩的中心点处钉上小钉,拴细铁丝,根据中心点弹出圆周线。

（2）基础砌筑。

①基础排砖撂底前，应根据大放脚底标高位置检查基底标高是否准确。如需做找平，则要找平到皮数杆第一皮整砖以下。找平厚度大于 20mm 时，应用 C20 细石混凝土找补平；找平厚度小于 20mm 时，可用 1∶2 水泥砂浆抹平。基础找平后，应浇水湿润，才可进行下道工序施工。

②砌筑时应先在圆周上摆砖，采用全丁法砌筑排列，摆砖合适后方可正式砌砖。排砖时，内圈竖向灰缝宽度不小于 5mm，外圈竖向灰缝宽度不大于 12mm。

③基础的大放脚沿圆周收退，收到筒壁厚时，应根据中心桩进行检查。基础筒壁没有收分坡度，可用普通靠尺板检查垂直度，用皮数杆控制标高。

④基础砌完后，要及时进行垂直度、水平标高、中心偏差、圆周尺寸（圆度）、上口水平度等的全面检查验收。

⑤合格后抹好防潮层，进行基坑的回填，回填土应分层夯实，每层厚度不得大于 200mm。回填土应稍高出地面，以利排水。回填土夯实后，再做排水护坡。

⑥基础位置和尺寸的允许偏差，不应超过表 2-2 的规定。

表 2-2　　　　　　　　　基础位置和尺寸的允许偏差

项次	名称	允许偏差/mm
1	基础中心点对设计坐标的位移	15
2	基础上表面的标高	20
3	基础杯口的壁厚	20
4	基础杯口的内半径	内半径的 1%，且不超过 40
5	基础杯口内表面的局部凹凸不平（沿半径方向）	内半径的 1%，且不超过 40
6	基础底板的外半径	外半径的 1%，且不超过 50
7	基础底板的厚度	20

⑦高度大于 50m 的烟囱,应在散水标高以上 500mm 处的筒身上,埋设3～4 个水准观测点,进行沉降观测;建筑在湿陷性大孔土上的烟囱,不论其高度,均应埋设水准观测点,进行沉降观测。

(3)筒壁砌筑。

①筒壁应采用丁砖砌筑,上下皮竖向灰缝相互错开 1/4 砖长。当筒壁外径大于 5m 时,也可采用顺砖和丁砖交替砌筑(梅花丁砌法)。

②当筒壁厚度不大于一砖半时,内外层可采用半截砖,但小于半砖的碎砖不得使用。

③筒壁的竖向灰缝宽度和水平灰缝厚度应为 10mm;上下皮砖的环缝应相互错开 1/2 砖长,辐射缝应相互错开 1/4 砖长。灰缝中砂浆必须饱满,水平灰缝的砂浆饱满度不得低于 80%,竖向灰缝宜采用挤浆或加浆方法使其砂浆饱满,严禁用水冲浆灌缝。

④砌砖应稍向内倾斜,其倾斜度应与筒壁外表面的坡度相等,每一皮砖应控制在同一水平面上。

⑤对筒壁的中心线垂直度和半径,应每砌 0.5m 高度检查一次。检查方法:在筒壁顶上放一个木制轮杆尺,轮杆尺中心挂一个 8～12kg 重的线锤,使线锤尖正对中心桩上的中心点,转动轮杆尺,就可依据轮杆尺上画出的每一砌筑高度筒壁外半径的标记,看出筒壁外圆弧每一处的尺寸是否正确。

⑥筒壁外表面的倾斜度,除用轮杆尺检查外,还可以用斜坡靠尺检查。斜坡靠尺的一边做成斜的,其坡度与筒壁外表面的倾斜度相等。检查时将斜坡靠尺的斜边紧靠筒壁,靠尺保持垂直,看线锤是否与靠尺上墨线重合,如果不合,表示筒壁倾斜度不对。

⑦对检查出的偏差,应在砌筑过程中逐渐纠正。

⑧外壁砌筑时灰缝要随砌随刮缝、勾缝,缝要勾成风雨缝。

⑨烟囱每天砌筑高度宜控制在 $1.8 \sim 2.4m$。

(4)内衬砌筑。

内衬一般与筒壁同时砌筑。衬壁厚为半砖时,用顺砖砌筑,错缝搭接为半砖;衬壁厚为一砖时,丁砖顺砖交替砌筑,错缝搭接为 1/4 砖长。

内衬用普通黏土砖砌筑,灰缝厚度不得大于 8mm;内衬用耐火砖砌筑,灰缝厚度不得大于 4mm。

砌筑时,筒身与内衬的空气隔热层内,不允许落入砂浆或砖屑;填充材料隔热层每砌 $4 \sim 5$ 皮砖填充 1 次,并轻轻捣实。构造节点处要挑出内檐盖住隔热层的上口,以免灰尘落入。为防止由于隔热材料的自重过大而产生体积压缩,应沿内衬高度每 $2 \sim 2.5m$ 砌一圈减荷带。

为保证内衬的稳定,水平方向沿筒身周长每隔 1m、垂直方向每隔 0.5m,须上下交错地挑出一块砖与烟囱壁顶住。

内衬每砌高 1m,应在内侧表面刷上一遍耐火泥浆,以防漏烟。

(5)烟道砌筑。

烟道外壁和内衬要同时砌筑。

当烟道两侧外墙及内衬砌到拱脚高度时,应根据拱脚标高,安放预先做好的砌拱胎模,并支撑牢固。砌筑拱顶处,先做内衬耐火砖的拱璇,砖与砖在长度方向要咬槎 1/2 砖,灰缝不超过 4mm。内衬砌好后,铺设草帘等材料作为上层拱砖的底模,然后砌筑上层拱顶。砌好后再在灰缝中灌水泥砂浆,待强度达到要求,方可拆除胎模。

胎模拆除后,铺砌烟道底面耐火砖。

烟道与烟囱及炉窑接口处,要留出 20mm 的沉降缝。

烟道入口拱璇的拱顶与拱底在囱身突出的尺寸不同。在囱身砌筑时,应在烟道口的两侧砌出同一标高的砖垛;特别要注意的是,拱座是垂直砌筑,而囱身是向内收坡,防止砌成错位墙。后面的出灰口较小,但砌筑时亦应相同要求。

囱身外壁上的通风散热孔,应按图纸要求留出 60mm×60mm 的孔洞。

(6)囱身顶部收口。

囱壁顶部应向外壁外侧挑砖形成出檐,一般挑出三皮砖约180mm,挑出部分砂浆要饱满,顶面应用 1：3 水泥砂浆抹成排水坡。

(7)囱身附件预埋。

砌入囱身的铁附件,均须事先涂刷防锈漆,并在砌筑囱身时按设计位置预埋牢固,不得遗漏。上人爬梯的铁镫应埋入壁内最少 240mm,并应用砂浆窝砌结实。环向铁箍应按设计要求安装,螺丝拧紧后,将外露丝口凿毛,防止螺母松脱,每个铁箍的接头应上下错开。铁休息平台应在囱壁砌筑时按图留出铁脚埋入洞孔,安装时用强度等级在 C20 以上混凝土浇筑牢固。地震设防要求在烟囱内加设的纵向及环向抗震钢筋,砌筑时必须按设计要求认真埋放。所有外露铁件均要在防锈漆外再刷二遍调和漆。

(8)烟囱烘干。

常温季节施工的烟囱,可于临近生产前烘干;用冻结法砌筑的砖烟囱,在砌砖结束后,必须立即加热和烘干;通风烟囱可不烘干。

烘干烟囱前,应根据烟囱的结构和施工季节等制订烘干温度曲线和操作规程。其主要内容应包括:烘干期限、升温速度、恒温时间、最高温度、烘干措施和操作要点等。

烘干后不立即投入生产的烟囱,在烘干温度曲线中应注明降温速度。当降到100℃时,将烟道口堵死,让其自然冷却。

砖烟囱的烘干时间可采用表2-3的规定。

表 2-3　　　　　　　　砖烟囱的烘干时间(昼夜)

项次	烟囱高度 /m	常温施工		冬期施工	
		无内衬的	有内衬的	无内衬的	有内衬的
1	40 以下	3	4	5	7
2	41～60	4	5	6	8
3	61～80	5	6	8	10
4	81～100	7	8	10	13

注:1. 采用冻结法砌筑的砖烟囱,而且烘干后又不立即投入生产的,其烘干时间应增加 2～3 昼夜。在此时间内,应保持在烘干温度曲线内所规定的最高温度。

　　2. 冬期已经烘干过的,但到生产前相隔了两个月以上的烟囱,应在第二次烘干后再投入生产,其烘干时间可减少一半。

烘干烟囱时,应逐渐地升高温度,其最高温度可采用表2-4的规定。

表 2-4　　　　　　　　砖烟囱烘干最高温度

烟囱分类	无内衬的	有内衬的
烘干最高温度/℃	250	300

注:如烟囱设计温度低于烘干最高温度时,则烘干最高温度不应超过设计温度。

从工业炉(尤其是焦炉和平炉)往烟囱内排放烟气时,在最初阶段应系统地检查烟气的成分,调整燃烧过程,不得有燃烧不完全的气体通过缝隙和闸板流入烟囱,以免气体在烟囱内燃烧和爆炸。

烟囱烘干后如有裂缝,应进行修理。已经烘干的砖烟囱,在冷却后应再次拧紧筒壁上环箍的螺栓。

3. 方烟囱砌筑

方烟囱的砌筑方法与圆烟囱基本相同,差异有以下几点:

(1)方烟囱可不用顶砌法,而用丁顺砌法。

(2)砌方烟囱时要每皮砖都砌平,因此,方烟囱的收分采用踏步式。砌筑前应按坡度事先算好每皮收分的数值。例如坡度为 2.5%,则每米高度应收分25mm,若每米高以 16 皮砖计,则每皮砖需收分 25/16＝1.56(mm)。

为达到错缝要求,可砍出 3/4 砖。由于每皮踏步收分,砍砖不能因收分把转角处的砖砍掉,转角处应保留 3/4 砖,而将须砍部分在墙身内调整。

(3)方烟囱的坡度检查,除四角外,应在每边的中点处进行。

(4)检查不同标高的截面尺寸时,方烟囱主要检查四角顶至中心的距离,即方烟囱的外接圆半径。因此,所用引尺的划数应将不同标高的方形边乘以0.701的系数。

(5)方烟囱一般不留通气孔,必须设置时,应避开四个顶角。

(6)避雷针、铁爬梯等附设铁件,应设置在常年背风的一面。

4. 化粪池砌筑

(1)化粪池的构造。

化粪池由钢筋混凝土底板、隔板、顶板和砖砌墙壁等组成。化粪池的埋置深度一般均大于 3m,且要在冻土层以下。它一般是由设计部门编制成标准图集,根据其容量大小编号,建造时设计人员按需要的大小对号选用。图2-45为化粪池的示意图。

(2)化粪池砌筑要点。

①准备工作。

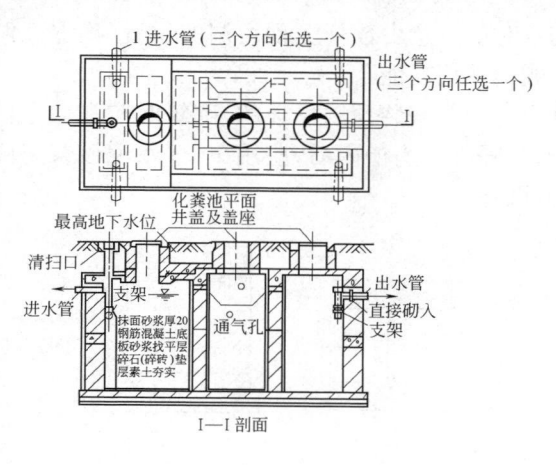

图 2-45 化粪池

a. 普通砖、水泥、中砂、碎石或卵石,准备充足。

b. 其他如钢筋、预制隔板、检查井盖等,要求均已备好料。

c. 基坑定位桩和定位轴线已经测定,水准标高已确定并作好标志。

d. 基坑底板混凝土已浇好,并进行了化粪池壁位置的弹线,基坑底板上无积水。

e. 已立好皮数杆。

②池壁砌筑。

a. 砖应提前 1 天浇水湿润。

b. 砌筑砂浆应用水泥砂浆,按设计要求的强度等级和配合比拌制。

c. 一砖厚的墙可以用梅花丁或一顺一丁砌法;一砖半或二砖墙采用一顺一丁砌法。内外墙应同时砌筑,不得留槎。

d. 砌筑时应先在四角盘角,随砌随检查垂直度,中间墙体拉准线控制平整度;内隔墙应跟外墙同时砌筑。

e.砌筑时要注意皮数杆上预留洞的位置,确保孔洞位置的正确和化粪池使用功能。

③凡设计中要安装预制隔板的,砌筑时应在墙上留出安装隔板的槽口,隔板插入槽内后,应用1∶3水泥砂浆将隔板槽缝填嵌牢固(图2-46)。

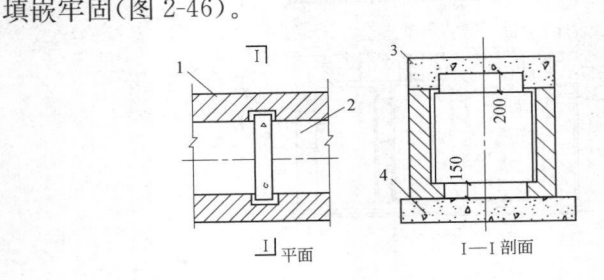

图2-46　化粪池隔板安装(单位:mm)
1—砖砌体;2—混凝土隔板;
3—混凝土顶板;4—混凝土底板

④化粪池墙体砌完后,即可进行墙身内外抹灰。内墙采用三层抹灰,外墙采用五层抹灰,具体做法同窖井。采用现浇盖板时,在拆模之后应进入池内检查并作修补。

⑤抹灰完毕可在池内支撑现浇顶板模板,绑扎钢筋,经隐蔽验收后即可浇筑混凝土。

顶板为预制盖板时,应用机具将盖板(板上留有检查井孔洞)根据方位在墙上垫上砂浆吊装就位。

⑥化粪池顶板上一般有检查井孔和出渣井孔,井孔要由井身砌到地面。井身的砌筑和抹灰操作同窖井。

⑦化粪池本身除了污水进出的管口外,其他部位均须封闭墙体,在回填土之前,应进行抗渗试验。试验方法是将化粪池进出口管临时堵住,在池内注满水,并观察有无渗漏水,经检验合格符合标准后,即可回填土。回填土时顶板及砂浆强度均应达

到设计强度,以防墙体被挤压变形及顶板压裂,填土时要求每层夯实,每层可虚铺 300～400mm。

⑧化粪池砌筑质量要求如下。

a.砖砌体上下错缝,无垂直通缝。

b.预留孔洞的位置符合设计要求。

c.化粪池砌筑的允许偏差同砌筑墙体要求。

七、地面砖铺砌施工

1.地面砖的类型和材质要求

(1)普通砖。

普通砖即一般砌筑用砖,规格为 240mm×115mm×53mm,要求外形尺寸一致、不挠曲、不裂缝、不缺角,强度不低于MU7.5。

(2)缸砖。

采用陶土掺以色料压制成型后烘烧而成。一般为红褐色,亦有黄色和白色,表面不上釉,色泽较暗。形状有正方、长方和六角等。规格有 100mm×100mm×10mm、150mm×150mm×15mm、150mm×75mm×15mm、100mm×50mm×10mm。质量上要求外观尺寸准确,密实坚硬,表面平整,无凹凸和翘曲,颜色一致,无斑,不裂,不缺损。抗压、抗折强度及规格尺寸符合设计要求。

(3)水泥砖。

水泥砖(包括水泥花砖、分格砖)是用干硬性砂浆或细石混凝土压制而成,呈灰色,耐压强度高。水泥平面砖常用规格为200mm×200mm×25mm;格面砖有 9 分格和 16 分格两种,常用规格有 250mm×250mm×30mm、250mm×250mm×50mm

等。要求强度符合设计要求,边角整齐,表面平整光滑,无翘曲。

水泥花砖系以白水泥或普通水泥掺以各种颜料,用机械拌和压制成型。花式很多,分单色、双色和多种色三类。常用规格有 200mm×200mm×18mm、200mm×200mm×25mm 等。要求色彩明显、光洁耐磨、质地坚硬,强度符合设计要求,表面平整光滑,边角方正,无扭曲和缺楞掉角。

(4)预制混凝土大块板。

预制混凝土大块板是用干硬性混凝土压制而成,表面原浆抹光,耐压强度高,色泽呈灰色,使用规格按设计要求而定。一般形状有正方体形、长方体形和多边六角体形。常用规格有495mm×495mm,路面块厚度不应小于 100mm,人行道及庭院块厚度应大于 50mm,要求外观尺寸准确,边角方正,无扭曲、缺楞、掉角,表面平整,强度不应小于 20MPa 或符合设计要求。

(5)地面砖用结合层材料。

砖块地面与基层的结合层应使用砂子、石灰砂浆、水泥砂浆和沥青胶结料等。砂结合厚度为 20～30mm;砂浆结合层厚度为 10～15mm;沥青胶结料结合层厚度为2～5mm,见图 2-47。

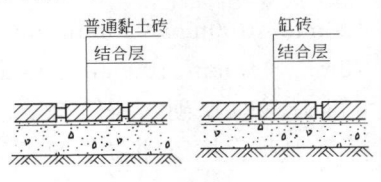

图 2-47　砖面层

①结合层用的水泥可采用普通硅酸盐水泥或矿渣硅酸盐水泥。

②结合层用砂应采用洁净无有机质的砂,使用前应过筛,不得采用冻结的砂块。

③结合层用沥青胶结料的标号应按设计要求经试验确定。

2.地面构造层次和砖地面适用范围

(1)地面的构造层次及作用。

①面层:直接承受各种物理和化学作用的地面或楼面的表面层。

②结合层(黏结层):面层与下一构造层相联结的中间层,也可作为面层的弹性基层。

③找平层:在垫层上、楼板上或填充层(轻质、松散材料)上起整平、找坡或加强作用的构造层。

④隔离层:防止建筑地面上各种液体(含油渗)或地下水、潮气渗透地面等作用的构造层,仅防止地下潮气渗透地面的也可称作防潮层。

⑤填充层:在建筑地面上起隔声、保温、找坡或敷设管线等作用的构造层。

⑥垫层:承受并传递地面荷载于地基上的构造层。

砖地面和砖楼面的构造层次见图 2-48。

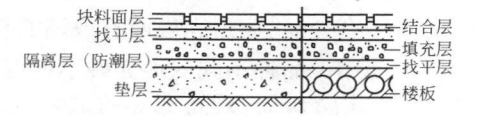

块料面层
找平层
隔离层(防潮层)
垫层

结合层
填充层
找平层
楼板

图 2-48　砖地面、砖楼面构造层次

(2)砖地面适用范围。

①普通砖:室内适用于临时房屋和仓库及农用一般房屋的地面;室外用于庭院、小道、走廊、散水坡等。

②水泥砖:水泥平面砖适用于铺砌庭院、通道、上人屋面、平台等的地面面层;水泥格面砖适用于铺砌人行道、便道和庭院

等。水泥花砖适用于公共建筑物部分的楼(地)面,如盥洗室、浴室、厕所等。

③缸砖:缸砖面层适用于要求坚实耐磨、不起尘或耐酸碱、耐腐蚀的地面面层,如实验室、厨房、外廊等。

④预制混凝土大块板:混凝土大块板具有耐久、耐磨、施工工艺简单方便快速等优点,并便于翻修。常用于工厂区和住宅的道路、路边人行道和工厂的一些车间地面、公共建筑的通道、通廊等。

3.地面砖铺砌施工要点

(1)地面砖铺砌工序。

准备工作→拌制砂浆→摆砖组砌→铺砌地面砖→养护、清扫干净。

(2)准备工作。

①材料准备:砖面层和板块面层材料进场应做好材质的检查验收,查产品合格证,按质量标准和设计要求检查规格、品种和强度等级。按样板检查图案和颜色、花纹,并应按设计要求进行试拼。验收时对于有裂缝、掉角和表面有缺陷的板块,应予剔出或放在次要部位使用。品种不同的地面砖不得混杂使用。

②施工准备:地面砖在铺设前,要先将基层面清理冲洗干净,使基层达到湿润。砖面层铺设在砂结合层上之前,砂垫层和结合层应洒水压实,并用刮尺刮平。砖面层铺设在砂浆结合层上或沥青胶结料结合层上的,应先找好规矩,并按地面标高留出地面砖的厚度贴灰饼,拉基准线每隔1m左右冲筋一道,然后刮素水泥浆一道,用1∶3水泥砂浆打底找平,砂浆稠度控制在30mm左右,其水灰比宜为0.4～0.5。找平层铺好后,待稍干即用刮尺板刮平整,再用木抹子打平整。对厕所、浴室的地面,应

由四周向地漏方向做放射形冲筋并找好坡度。铺时有的要在找平层上弹出十字中心线,四周墙上弹出水平标高线。

（3）拌制砂浆。

地面砖铺筑砂浆一般有以下几种。

①1：2 或 1：2.5 水泥砂浆（体积比）,稠度25～35mm,适用于普通砖、缸砖地面。

②1：3 干硬性水泥砂浆（体积比）,以手握成团、落地开花为准,适用于断面较大的水泥砖。

③M5 水泥混合砂浆,配比由试验室提供,一般用作预制混凝土块黏结层。

④1：3 白灰干硬性砂浆（体积比）,以手握成团、落地开花为准,用作路面 250mm×250mm 水泥方格砖的铺砌。

（4）摆砖组砌。

地面砖面层一般依砖的不同类型和不同使用要求采用不同的摆砌方法。普通砖的铺砌形式有"直行"、"对角线"或"人字形"等,见图 2-49。在通道内宜铺成纵向的"人字形",同时在边缘的一行砖应加工成 45°,并与地坪边缘紧密连接,铺砌时,相邻两行的错缝应为砖长度1/3～1/2。水泥花砖各种图案颜色应按设计要求对色、拼花、编号排列,然后按编号码放整齐。

直行　　　　对角线　　　　人字形

图 2-49　普通黏土砖铺地形式

缸砖、水泥砖一般有留缝铺贴和满铺砌法两种,应按设计要求确定铺砌方法。混凝土板块以满铺砌法铺筑,要求缝隙宽度不大于 6mm。当设计无规定时,紧密铺贴缝隙宽度宜为 1mm

左右；虚缝铺贴缝隙宽度宜为 5～10mm。

（5）普通砖、缸砖、水泥砖面层的铺砌。

①在砂结合层上铺砌：按地面构造要求基层处理完毕，找平层结束后，即可进行砖面层铺砌。

a. 挂线铺砌：在找平层上铺一层 15～20mm 厚的黄砂，并洒水压实，用刮尺找平，按标筋架线，随铺随砌筑。砌筑时上楞跟线以保证地面和路面平整，其缝隙宽度不大于 6mm，并用木锤将砖块敲实。

b. 填充缝隙：填缝前，应适当洒水并将砖拍实整平。填缝可用细砂、水泥砂浆。用砂填缝时，可先用砂撒于路面上，再用扫帚扫入缝中。用水泥砂浆填缝时，应预先用砂填缝至一半的高度，再用水泥砂浆填缝扫平。

②在水泥或石灰砂浆结合层上铺筑。

a. 找规矩、弹线：在房间纵横两个方向排好尺寸，缝宽以不大于 10mm 为宜，当尺寸不足整块砖的位置时，可裁割半块砖用于边角处；尺寸相差较小时候，可调整缝隙。根据确定后的砖数和缝宽，在地面上弹纵横控制线，约每隔四块砖弹一根控制线，并严格控制方正。

b. 铺砖：从门口开始，纵向先铺几行砖，找好规矩（位置及标高）以此为筋压线，从里面向外退着铺砖，每块砖要跟线。在铺设前，应将水泥砖浸水湿润，其表面无明水方可铺设，结合层和板块应分段同时铺砌。

铺砌时，先扫水泥浆于基层，砖的背面朝上，抹铺砂浆，厚度不小于 10mm，砂浆应随铺随拌，拌好的砂浆应在初凝前用完。将抹好灰的砖码砌到扫好水泥浆的基层上，砖上楞要跟线，用木锤敲实铺平。铺好后，再拉线修正，清除多余砂浆。板块间、板块与结合层间，以及在墙角、镶边和靠墙边，均应紧密贴合，不得有空隙,亦不得在靠墙处用砂浆填补代替板块。

c. 勾缝:面层铺贴应在 24h 内进行擦缝、勾缝和压缝工作。缝的深度宜为砖厚的 1/3,擦缝和勾缝应采用同品种、同强度等级、同颜色的水泥。分缝铺砌的地面用 1∶1 水泥砂浆勾缝,要求勾缝密实,缝内平整光滑,深浅一致。满铺满砌法的地面,则要求缝隙平直,在敲实修好的砖面上撒干水泥面,并用水壶浇水,用扫帚将其水泥浆扫放缝内。亦可用稀水泥浆或 1∶1 稀水泥砂浆(水泥∶细砂)填缝。将缝灌满并及时用拍板拍振,将水泥浆灌实,同时修正高低不平的砖块。面层溢出的水泥浆或水泥砂浆应在凝结前予以清除,待缝隙内的水泥凝结后,再将面层清理干净。

d. 养护:普通砖、缸砖、水泥砖面层如果采用水泥砂浆作为结合层和填缝的,待铺完砖后,在常温下 24h 应覆盖湿润,或用锯末浇水养护,其养护不宜少于7d,3d 内不准上人。整个操作过程应连续完成,避免重复施工影响已贴好的砖面。

③在沥青胶结料结合层上铺筑。

a. 砖面层铺砌在沥青胶结料结合层上与铺砌在砂浆结合层上,其弹线、找规矩和铺砖等方法基本相同。所不同的是沥青胶结料要经加热(150~160℃)后才可摊铺。铺时基层应刷冷底子油或沥青稀胶泥,砖块宜预热,当环境温度低于 5℃时,砖块应预热到 40℃左右。冷底子油刷好后,涂铺沥青胶结料,其厚度应按结合层要求稍增厚2~3mm,砖缝宽为 3~5mm,随后铺砌砖块并用挤浆法把沥青胶结料挤入竖缝内,砖缝应挤严灌满,表面平整。砖上楞跟线放平,并用木锤敲击密实。

b. 灌缝:待沥青胶结料冷却后铲除砖缝口上多余的沥青,缝内不足处再补灌沥青胶结料,达到密实。填缝前,缝隙应予以清理,并使之干燥。

(6)混凝土大块板铺筑路面。

①找规矩、设标筋：铺砌前,应对基层验收,灰土基层质量检验宜用环刀取样。如道路两侧须设路边侧石应拉线、挖槽、埋设混凝土路边侧石,其上口要求找平、找直,道路两头按坡向要求各砌一排预制混凝土块找准,并以此作为标筋,铺砌道路预制混凝土大块板。

②挂线铺砌：在已打好的灰土垫层上铺一层 25mm 厚的 M5 水泥混合砂浆,随铺浆随铺砌。上楞跟线以保证路面的平整,其缝宽不应大于 6mm,并用木锤将预制混凝土块敲实,不得采用向底部填塞砂浆或支垫砖块的找平方法。

③灌缝：其缝隙用细干砂填充,以保证路面整体性。

④养护：一般养护 3～5d,养护期间严禁开车重压。

4.铺筑乱石路面

(1)材料要求和构造层次。

乱石路面是用不整齐的拳头石和方片石,铺层材料一般为煤渣、灰土、石砂、石渣等。

(2)摊铺垫层。

在基层上,按设计规定的垫层厚度均匀摊铺砂或煤渣、灰土,经压实后便可铺排面层块石。

(3)找规矩、设标筋。

铺砌前,应先沿路边样桩及设计标高,定出道路中心线和边线控制桩,再根据路面和路的拱度和横断面的形状要求,在纵横向间距 2m 左右见方设置标块石块,然后按线铺砌面石。

(4)铺砌石块。

铺砌一般从路的一端开始,在路面的全宽上同时进行。铺时,先选用较大的块石铺在路边缘上,再挑选适当尺寸的石块铺砌中间部分,要纵向往前铺砌。路边块石的铺砌进度,可以适当比路中块石铺砌进度超前 5～10m。

铺砌块石的操作方法有顺铺法和逆铺法两种:顺铺法是人蹲在已铺砌好的块石面上,面向垫层边铺边前进,此种铺法,较难保证路面的横向拱度和纵向平整度,且取石操作不方便;逆铺法是人蹲在垫层上,面向已铺砌好的路面边铺边后退,此法较容易保证路面的铺砌质量。要求砌排的块石,应将小头朝下,平整面、大面朝上,块石之间必须嵌紧,错缝,表面平整、稳固适用。

(5)嵌缝压实。

铺砌石块时除用手锤敲打铺实铺平路面外,还需在块石铺砌完毕后,嵌缝压实。铺砌拳石路面,第一次用石碴填缝、夯打,第二次用石屑嵌缝,小型压路机压实。方头片石路面用煤碴屑嵌缝,先用夯打,后用轻型压路机压实。

(6)养护。

乱石路面铺完后需养护 3d,在此期间不得开放交通。

八、屋面瓦施工

1. 普通屋面瓦的施工

瓦屋面是我国传统的屋面形式,它多用于仿古建筑、乡镇民居和一些构筑物(如粮仓等)。它的种类很多,有平瓦屋面、青瓦屋面、筒瓦屋面等等。这里仅介绍平瓦屋面和青瓦屋的工艺方法。

(1)平瓦屋面的操作工艺顺序。

施工准备→铺瓦→作天沟、斜脊与泛水→作脊→清理屋面。

(2)施工准备。

①技术条件准备。

a. 检查屋面基层防水层是否平整，有无破损，搭接长度是否符合要求，挂瓦条是否钉牢，间距是否正确。檐口挂瓦条是否满足檐瓦出檐 50～700mm 的要求，检查无误后方可运瓦上屋面。

b. 检查脚手架的牢固程序，搭设高度是否超出檐口 1m 以上。

②材料准备。

a. 凡缺边、掉角、裂缝、砂眼、翘曲不平和缺少瓦爪的瓦不得使用，并准备好山墙、天沟处的半片瓦。

b. 运瓦可利用垂直运输机械运到屋面标高，然后沿脚手分散到檐口各处堆放。向屋顶运输主要靠人工传递的方法，每次传递两块平瓦，分散堆放在坡屋面上，防止碰破防水层。

c. 瓦在屋面上的堆放，以一垛九块均匀摆开，横向瓦堆的间距约为两块瓦长，坡向间距为两根瓦条，呈梅花状放置（俗称"一步九块瓦"），见图 2-50（a）。亦可每四根瓦条间堆放一行，开始先平摆 5～6 张瓦作为靠山，然后侧摆堆放（俗称"一铺四"），见图 2-50（b）。

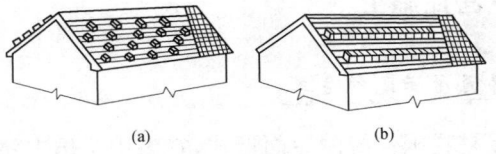

（a）　　　　　　　　　　（b）

图 2-50　平瓦堆放

（a）一步九块瓦；（b）一铺四

在堆瓦时应两坡同时进行，以免屋架受力变形。

（3）铺瓦。

①铺瓦的顺序是先从檐口开始到屋脊，从每块屋面的左侧山头向右侧山头进行。檐口的第一块瓦应拉准线铺设，平直对齐，并用铁丝和檐口挂瓦条拴牢。

②上下两楞瓦应错开半张,使上行瓦的沟槽在下行瓦当中,瓦与瓦之间应落槽挤紧,不能空搁,瓦爪必须勾住挂瓦条,随时注意瓦面、瓦楞平直。

③在风大地区、地震区或屋面坡度大于30°的瓦屋面及冷摊瓦屋面,瓦应固定,每一排一般要用 20 号镀锌铁丝穿过瓦鼻小孔与挂瓦条扎牢。

④一般矩形屋面的瓦应与屋檐保持垂直,可以间隔一定距离弹垂直线加以控制。

(4)天沟、戗角(斜脊)与泛水作法。

①天沟和戗角(斜脊)处一般先试铺,然后按天沟走向弹出墨线编号,并把瓦片切割好,再按编号顺序铺盖。天沟的底部用厚度为 0.45~0.75mm 的镀锌钢板铺盖,铺盖前应涂刷两道防锈漆,一般薄钢板应伸入瓦下面不少于 150mm。瓦铺好以后用掺麻刀的混合砂浆抹缝,见图 2-51(a)。戗角(斜脊)也要按天沟做法弹线、编号,切割瓦片,待瓦片铺设好以后,再按做脊的方法盖上脊瓦,见图2-51(b)。

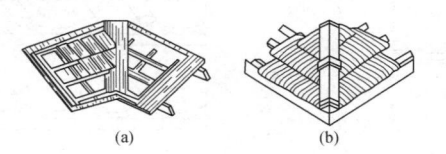

(a)　　　　　　　　(b)

图 2-51　天沟及戗角(斜脊)

(a)天沟;(b)戗角

②山墙处的泛水,如果山墙高度与屋面平,则只要在山墙边压一行条砖,然后用 1:2.5 水泥砂浆抹严实做出披水线;如果是高出屋面的山墙(高封山),其泛水做法见图 2-52。

(5)做脊。

铺瓦完成后,应在屋脊处铺盖脊瓦,俗称做脊。先在屋脊两端各稳上一块脊瓦,然后拉好通线,用水泥石灰麻刀砂浆将屋脊处铺满,先后依次扣好脊瓦。要求脊瓦内砂浆饱满密实,以防被风掀掉,脊瓦盖住平瓦的边必须大于 40mm。脊瓦之间的搭接缝隙和脊瓦与平瓦之间的搭接缝隙,应用掺有麻刀的混合砂浆填实。

砂浆中可掺入与瓦颜色相近的颜料。屋脊和斜脊应平直,无起伏现象。

2. 小青瓦屋面

(1)小青瓦的屋面形式。

小青瓦铺法分为阴阳瓦屋面和仰瓦屋面两种,阴阳瓦屋面是将仰瓦盖于仰瓦垄上(图 2-53a);仰瓦屋面是全部用仰瓦铺成行列,垄上抹灰埝(图 2-53b)或不抹灰埝(图 2-53c)。

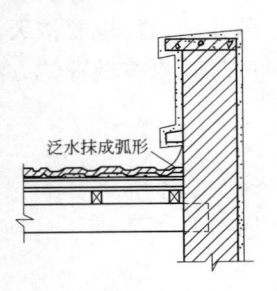

泛水抹成弧形

图 2-52　高封山泛水做法

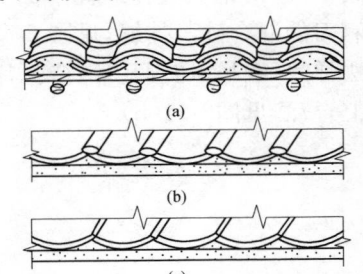

(a)

(b)

(c)

图 2-53　小青瓦屋面形式

(a)阴阳瓦;(b)有灰埝仰瓦;(c)无灰埝仰瓦

(2)瓦的运送与堆放。

小青瓦堆放场地应靠近施工的建筑物,瓦片立放成条形或圆形堆,高度以5～6层为宜,不同规格的小青瓦应分别堆放。瓦应尽量利用机具运到脚手架上,利用脚手架靠人力传递分散到屋面各处堆放。

小青瓦应均匀有次序地摆在椽子上,阴瓦和阳瓦分别堆放,屋脊边应多摆一些。

(3)铺筑要点。

①铺挂小青瓦前,要先在屋架上钉檩条,在檩条上钉椽子,在椽子上铺苫席或苇箔、荆笆、望板等,然后铺苫泥背,小青瓦便铺设在苫泥背上,一般在铺前先做脊。

②小青瓦的屋脊有人字脊(采用平瓦的脊瓦)、直脊(瓦片平铺于屋脊上或竖直排列于屋脊,两端各叠一垛,作为瓦片排列时的靠山)与斜脊(瓦片斜立于屋脊上,左右与中间成对称)等几种。

做脊前,先按瓦的大小,确定瓦楞的净距(一般为 50～100mm),事先在屋脊安排好。两坡仰瓦下面用碎瓦、砂浆垫平,将屋脊分档瓦楞窝稳,再铺上砂浆,平铺俯瓦 3～5 张,然后在瓦的上口再铺上砂浆,将瓦均匀地竖排(或斜立)于砂浆上,瓦片下部要嵌入砂浆中窝牢不动。铺完一段,用靠尺拍直,再用麻刀灰浆瓦缝嵌密,露出砂浆抹光,然后可以铺列屋面小青瓦。

③铺瓦时,檐口按屋脊瓦楞分档用同样方法铺盖 3～5 张底盖瓦作为标准。

a. 檐口第一张底瓦,应挑出檐口 50mm 以利排水。

b. 檐口第一张盖瓦,应抬高约 20～30m(约 2～3 张瓦高)。

其空隙用碎石、砂浆嵌塞密实,使整条瓦楞通顺平直,保持同一坡度,并用纸筋灰镶满抹平(俗称"扎口")见图 2-54。

c. 不论底瓦或盖瓦,每张瓦搭接不少于瓦长的三分之二(俗称"一搭三")要对称。

d. 铺完一段,用 2m 长靠尺板拍直,随铺随拍,使整楞瓦从屋脊到檐口保持前后整齐顺直。

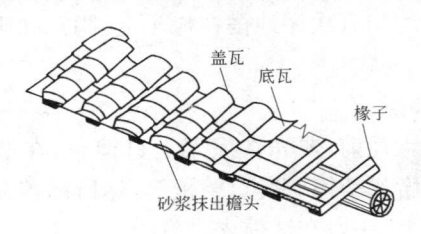

图 2-54　小青瓦屋面扎口

e. 檐口瓦楞分档标准做好后,自下而上,从左到右,一楞一楞地铺设,也可以左右同时进行。为使屋架受力均匀,两坡屋面应同时进行。

f. 悬山屋面、山墙应多铺一楞盖瓦,挑出半张作为披水。硬山屋面用仰瓦随屋面坡度侧贴于墙上作泛水。冷摊瓦屋面,将底瓦直接铺在椽子上。

g. 我国南方沿海一带,因台风关系,对小青瓦屋面的屋脊及悬山屋面的披水,用麻刀灰浆铺砌一皮顺砖,或再用纸筋灰刮糙粉光。仰俯瓦(即底盖瓦)搭接处用麻刀灰嵌实粉光。盖瓦每隔1m 左右用麻刀灰铺砌一块顺砖并与盖瓦缝嵌密实,相邻两行前后错开(俗称"压砖")。扎口与前述相同。

h. 小青瓦屋面的斜沟与平瓦屋面的斜沟做法基本相同。在斜汊处斜铺宽度不小于500mm 的白铁或油毡,并铺成两边高中间低的洼沟槽,然后在白铁或防水卷材两边,铺盖小瓦(底瓦和盖瓦),搭盖 100～150mm 瓦的下面用混合砂浆填实压光,以防漏水。

i. 屋面铺盖完后,应对屋面全面进行清扫,做到瓦楞整齐,瓦片无翘角破损和张口现象。

九、季节性施工

1. 冬期施工要求

当室外日平均气温连续 5d 稳定低于 5℃时,砌体工程即进入冬期施工。

（1）冬期施工的基本要求。

施工工地要做好冬期施工准备工作,如搭设水管进行保温、砌筑烧热水的简易炉灶、准备保温材料(如草帘等)、购置抗冻剂(一般多采用食盐)等。

（2）冬期砌筑所用材料应符合的要求。

①砖和石材在砌筑前,应清除冰霜,砖在气温高于 0℃时,可适当浇水润湿;在 0℃和 0℃以下时,可不浇水但必须增大砂浆的稠度。

②砂浆宜采用普通硅酸盐水泥拌制,不宜用石灰砂浆、黏土砂浆或石灰黏土砂浆。

③石灰膏和电石膏等应保温,防止受冻。如遭冻结,应经融化后方可使用,受冻而脱水风化的石灰膏不可使用。

④砂应过筛,并不得含有冰块和直径大于 1cm 的冻结块。

⑤拌和砂浆时,宜采用两步投料法水的温度不得超过 80℃,砂的温度不得超过 40℃。

砂浆使用温度应符合以下规定:

a. 采用掺外加剂法时,不应低于 +5℃。

b. 采用氯盐砂浆法时,不应低于 +5℃。

c. 采用暖棚法时,不应低于 +5℃。

⑥现场材料应分类集中堆放,必要时应遮盖,以防霜冻侵袭。

⑦冬期砌筑砂浆的稠度可参见表 2-5。

表 2-5　　　　　　　　冬期砌筑用砂浆的稠度参考

砌体种类	稠度/cm
砖砌体	8～13
人工砌的毛石砌体	4～6
振动的毛石砌体	2～3

⑧冬期砌筑砖石结构时所用的砂浆温度不低于表 2-6 的规定。

表 2-6　　　　　　　　冬期砌筑砖石的砂浆温度参考

空气温度/℃	砂浆在砌筑时的温度/℃	
	冻结法	抗冻砂浆法
－10 以上	＋10	＋5
－10～－20	＋15	＋10
－20 以下	＋20	＋15

⑨砂浆在搅拌、运输、储放过程中要进行保温。严禁使用已遭冻结的砂浆。

（2）冬期施工做法要求。

①采用暖棚法施工，块材在砌筑时的温度不应低于＋5℃，距离所砌的结构底面 0.5m 处的棚内温度也不应低于＋5℃。

②在暖棚内的砌体养护时间，应根据暖棚内温度，按表 2-7 确定。

表 2-7　　　　　　　　暖棚法砌体的养护时间　　　　　　　（单位：d）

暖棚的温度/℃	5	10	15	20
养护时间/天	≥6	≥5	≥4	≥3

③在冻结法施工的解冻期间,应经常对砌体进行观测和检查,如发现裂缝、不均匀下沉等情况,应立即采取加固措施。

④当采用掺盐砂浆法施工时,宜将砂浆强度等级按常温施工的强度等级提高一级。

⑤配筋砌体不要用掺盐砂浆法施工。

⑥基土为不冻胀土时,基础可在冻结的地基上砌筑;基土为冻胀土时,必须在未冻的地基上砌筑。施工时和回填土前,均应防止地基遭受冻结。

⑦砖砌体的灰缝宽度宜在 8～10mm,砂浆饱满,灰缝要密实。宜采用"三一"砌筑法。每天砌筑后应在砌体表面覆盖保温材料。

2.冬期砌筑工程施工方法

(1)蓄热法。

适用于冬期正、负温差不大、夜间冻结白天解冻的地区。根据这种特点,充分利用中午气温较高时加快砌筑进度,完工后用草帘将墙体覆盖,使墙体内的热量和水泥产生的"水化热"不易散失,保持一定温度,使砂浆在未受冻前获得所需强度。

(2)抗冻砂浆法。

根据砂浆在具有一定强度(约 20％左右)后再遭冻结,解冻后砂浆强度还会继续增长的原理,在砂浆中掺入一定数量的抗冻化学附加剂,起到降低砂浆中水的冰冻点,在 0℃时不结冻,其和易性没有破坏,使砂浆在一定负温下不冻并能继续缓慢地增长强度,这样就保证了砌筑质量。

(3)冻结法。

冻结法是用不掺有任何化学附加剂的普通砂浆进行砌筑的一种施工方法。这种方法允许砂浆在凝固前冻结,砂浆和砖冻结在一起,保持砌体的初始的稳定。砂浆要经历冻结、融化、硬化三个阶段。解冻后的砂浆虽仍继续增长强度并与砖黏结,但其黏结力有不同程度的降低,而且砌体在融化阶段还可能出现变形。所以在采用冻结法施工时,既要考虑砂浆融化时的砌体强度,又要考虑砌体产生沉降时的稳定。

除了以上三种方法外,还有暖棚法、蒸汽法和电热法等。这几种方法一般用于个别荷载很大的结构,急需使局部砌体具有一定强度和稳定。这些方法,由于费用较大,一般不宜采用。

冬期施工采用哪一种施工方法较好,要根据当地的气温变化情况和工程具体情况而定,一般以采用抗冻砂浆法或蓄热法为宜。严寒地区适用冻结法。

3. 雨期施工

雨期施工的防护措施:

(1)雨期施工,砖必须集中堆放,以便遮盖,且不宜浇水。砌墙时,要求干湿砖块合理搭配。砖的湿度过大时,不可上墙,砌筑高度不宜超过 1.2m。

(2)雨期遇大雨,必须停工。砌砖收工时,应在砖墙顶盖一层干砖,并用草帘加以覆盖,避免大雨冲刷砂浆。

(3)搅拌砂浆的用砂,宜用中粗砂,因为中粗砂拌制的砂浆收缩变形小。另外,要减少砂浆的用水量,防止砂浆在使用中变稀。大雨过后,受雨冲刷过的新砌墙体应翻动最上面两皮砖。

(4)砌体施工时,内外墙要尽量同时砌筑,要注意转角及丁字墙间的连接要同时跟上,同时,要适当缩小砌体的水平灰缝,减少砌体的压缩变形,水平灰缝宜控制在 8mm 左右。

(5)雨期施工砌筑方法,宜采用"铺浆法"和"三一"法。必要时,墙的两面可用夹板支撑加固。

(6)脚手架(板)、工作线、运输线应采取适当的防滑措施。

4. 暑期施工

(1)暑期施工的也护措施。

①在平均气温高于 5℃时,砖使用前应该浇水润湿,夏季更要注意砖的浇水润湿。使水的渗入量达到 20mm 左右。

②砂浆的拌制使用砂浆的稠度要适当增大,一般采用稠度为 80~100mm 的砌筑砂浆;砌筑施工时,如果最高气温超过 30℃,对拌制好的砂浆应控制在 2 小时内用完。

③砌体养护砌体应浇水养护,一般上午砌筑的砌体下午就应该养护;用水适当淋浇养护;将草帘浇湿后遮盖养护。

(2)在台风地区施工应注意:

①控制墙体的砌筑高度,以减少受风面积。

②在砌筑时,最好四周墙同时砌,以保证砌体的整体性和稳定性。

③控制砌筑高度以每天一步架为宜。

④为了保证砌体的稳定性,脚手架不要依附在墙上。

⑤无横向支撑的独立山墙、窗间墙、独立柱子等,应在砌好后适当用木杆、木板进行支撑,防止被风吹倒。

季节性施工时,不要根据具体施工条件,制定相应的措施,做到符合客观规律,保证工程质量。

十、成品保护

1. 砖砌体的成品保护

(1)砌筑过程中或砌筑完毕后,未经有关质量管理人员复查之前,对轴线桩、水平桩或龙门板应注意保护,不得碰撞或拆除。

(2)基础墙回填土,应两侧同时进行,暖气沟墙未填土的一侧应加支撑,防止回填时挤歪挤裂。回填土应分层夯实,不允许向槽内灌水取代夯实。回填土运输时,先将墙顶保护好,不得在墙上推车,损坏墙顶和碰撞墙体。

(3)墙体拉结筋、抗震构造柱钢筋、大模板混凝土墙体钢筋及各种预埋件,暖、卫、电气管线及套管等,均应注意保护,不得任意拆改、弯折或损坏。

(4)砂浆稠度应适宜,砌筑过程中要及时清理,防止砂浆溅脏墙面。

(5)尚未安装楼板或屋面板的墙和柱,当可能遇到大风时,应采取临时支撑等措施,以保证施工中墙体的稳定性。

(6)在吊放平台脚手架或安装模板时,应防止碰撞已砌好的墙体。

(7)在进料口周围,应用塑料布或木板等遮盖,以保持墙面清洁。

2. 混凝土小型空心砌块砌体

(1)装卸小砌块时,严禁倾卸丢掷,并应堆放整齐。

(2)在砌体砌块上,不宜拉锚缆风绳,不宜吊挂重物,也不宜作为其他施工临时设施、支撑的支撑点,如果确实需要时,应采取有效的构造措施。

(3)砌块和楼板吊装就位时,避免冲击已完墙体。

(4)其他成品保护措施参见本章第一节中的相关内容。

3. 石砌体

(1)避免在已完成的砌体上修凿石块和堆放石料;砌筑挡土墙时,严禁居高临下抛石,冲击已砌好的墙体。

(2)墙体表面要清理干净,不得在墙上开凿孔洞;在垂直运输井架进出料口周围及细料石墙、柱、垛应用塑料纺织布、草帘或木板遮盖,防止沾污墙面。

(3)门窗、过梁底部的模板应在灰缝砂浆强度达到设计规定的 70％以上时,方可拆除。

(4)在夏季高温和冬期低温下施工时,应用草袋或草垫适当覆盖墙体,避免砂浆中水分蒸发过快或受冻破坏。

(5)石砌体砌筑完成后,未经有关人员的检查验收,轴线桩、水准桩、皮数杆应加以保护,不得碰坏拆除。

(6)砌体中埋设的构造筋应注意保护,不得随意踩踏弯折。

(7)料石柱砌筑完后,应立即加以围护,严禁碰撞。

4. 填充墙砌体

(1)砌体砌筑完成后,未经有关人员的检查验收,轴线桩、水准桩、皮数杆应加以保护,不得碰坏拆除。

(2)砌块运输和堆放时,应轻吊轻放,堆放高度不得超过 1.6m,堆垛之间应保持适当的通道。

(3)水电和室内设备安装时,应注意保护墙体,不得随意凿洞。填充墙上设备洞、槽应在砌筑时同时留设,漏埋或未预留时,应使用切割机切槽,埋设完毕后用 C15 混凝土灌实。

(4)不得使用砌块做脚手架的支撑,拆除脚手架时,应注意保护墙体及门窗口角。

(5)墙体拉结筋、抗震构造柱钢筋、暖、卫、电气管线及套管等,均应注意保护,不得任意拆改、弯折或损坏。

(6)砂浆稠度应适宜,砌筑过程中要及时清理,防止砂浆溅脏墙面。

5. 配筋砖砌体

(1)钢筋在堆放过程中,要保持钢筋表面洁净,不允许有油渍、泥土或其他杂物污染钢筋;贮存期不宜过久,以防钢筋锈蚀。钢筋网及构造柱、圈梁钢筋如采用预制钢筋骨架时,应在现场指定地点垫平堆放。

(2)在砖墙上支设圈梁模板时,防止碰动最上一皮砖。模板支设应保证钢筋不受扰动。

(3)避免踩踏、碰动已绑扎好的钢筋;绑扎构造柱和圈梁钢筋时,不得将砖墙和梁底砖碰松动。

(4)浇筑混凝土时,防止漏浆掉灰污染清水墙面。

(5)当浇筑构造柱混凝土时,振捣棒应避免直接碰触砖墙,并不得碰动钢筋、埋件,防止位移。

(6)散落在楼板上的混凝土应及时清理干净。

十一、砌筑工程常见质量问题及防治措施

1. 砖砌体质量问题及防治

(1)质量问题:砖砌体组砌混乱。

防治措施:

①应使操作者了解砖墙组砌形式不单是为了清水墙美观,同时也是为了使墙体具有较好的受力性能。因此,墙体中砖缝搭接不得少于1/4砖长;内外皮砖层最多隔200mm就应有一层丁砖拉结。烧结普通砖采用一顺一丁、梅花丁或三顺一丁砌法,多孔砖采用一顺一丁或梅花丁砌法均可满足这一要求。为了节约,允许使用半砖头,但应分散砌于混水墙中。

②加强对操作人员的技能培训和考核,达不到技能要求者,

不能上岗操作。

③砖柱的组砌方法,应根据砖柱断面尺寸和实际使用情况统一考虑,但不允许采用包心砌法。

④砌筑砖柱所需的异形尺寸砖,宜采用无齿锯切割,或在砖厂生产。

⑤砖柱横竖向灰缝的砂浆都必须饱满,每砌完一层砖,都要进行一次竖缝刮浆塞缝工作,以提高砌体强度。

⑥墙体组砌形式的选用,可根据受力性能和砖的尺寸误差确定。一般清水墙面常选用一顺一丁和梅花丁组砌方法;砖砌蓄水池宜采用三顺一丁组砌方法;双面清水墙,如工业厂房围护墙、围墙等,可采取三七缝组砌方法。由于一般砖长度正偏差、宽度负偏差较多,采用梅花丁组砌形式,可使所砌墙面的竖缝宽度均匀一致。在同一栋号工程中,应尽量使用同一砖厂的砖,以避免因砖的规格尺寸误差而经常变动组砌方法。

(2)质量问题:砖缝砂浆不饱满,砂浆与砖黏结不牢。

防治措施:

①改善砂浆和易性是确保灰缝砂浆饱满度和提高黏结强度的关键。

②改进砌筑方法。不宜采取铺浆法或摆砖砌筑,应推广"三一砌砖法",即使用大铲,一块砖、一铲灰、一挤揉的砌筑方法。

③当采用铺浆法砌筑时,必须控制铺浆的长度,一般气温情况下不得超过 750mm,当施工期间气温超过 30℃时,不得超过 500mm。

④严禁用干砖砌墙。砌筑前 1~2d 应将砖浇湿,使砌筑时烧结普通砖和多孔砖的含水率达到 10%~15%;灰砂砖和粉煤灰砖的含水率达到 8%~12%。

⑤冬期施工时,在正温度条件下也应将砖面适当湿润后再

砌筑。负温下施工无法浇砖时,应适当增大砂浆的稠度。对于9度抗震设防地区,在严冬无法浇砖情况下,不能进行砌筑。

(3)质量问题:砂浆强度不足。

防治措施:

①一定要按试验室提供的配合比配制。

②一定要准确计量,不能用体积比代替质量比。

③要掌握好稠度,测定砂的含水率,不能忽稀忽稠。

④不能用很细的砂来代替配合比中要求的中粗砂。

⑤砂浆试块要专人制作。

(4)质量问题:轴线和墙中心线混淆。

防治措施:

①加强审图。

②弄清图纸上的轴线和实际砌墙时中心线的不同概念。

③加强施工放线工作和检查验收。

(5)质量问题:基础标高存在偏差。

防治措施:

①加强基础皮数杆的检查,要使±0.000在同一水平面上。

②第一皮砖下垫层与皮数杆高度间有误差,应先用细石混凝土找平,使第一皮砖起步时都在同一水平面上。

③控制操作的灰缝厚度,一定要对照皮数杆拉线砌筑。

(6)质量问题:清水墙游丁走缝。

防治措施:

①砌筑清水墙,应选取边角整齐、色泽均匀的砖。

②砌清水墙前应进行统一摆底,并先对现场砖的尺寸进行实测,以便确定组砌方法和调整竖缝宽度。

③摆底时应将窗口位置引出,使砖的竖缝尽量与窗口边线相齐,如安排不开,可适当移动窗口位置(一般不大于20mm)。

当窗口宽度不符合砖的模数(如 1.8m 宽)时,应将七分头砖留在窗口下部的中央,以保持窗间墙处上下竖缝不错位。

④游丁走缝主要是丁砖游动所引起,因此在砌筑时,必须强调丁压中,即丁砖的中线与下层顺砖的中线重合。

⑤在砌大面积清水墙(如山墙)时,在开始砌的几层砖中,沿墙角 1m 处,用线坠吊一次竖缝的垂直度,至少保持一步架高度有准确的垂直度。

⑥沿墙面每隔一定间距,在竖缝处弹墨线,墨线用经纬仪或线坠引测。当砌至一定高度(一步架或一层墙)后,将墨线向上引伸,以作为控制游丁走缝的基准。

(7)质量问题:"螺丝"墙。

防治措施:

①砌墙前应先测定所砌部位基面标高误差,通过调整灰缝厚度,调整墙体标高。

②调整同一墙面标高误差时,可采取提(或压)缝的办法,砌筑时应注意灰缝均匀,标高误差应分配在一步架的各层砖缝中,逐层调整。

③挂线两端应相互呼应,注意同一条平线所砌砖的层数是否与皮数杆上的砖层数相符。

④当内外墙有高差,砖层数不好对照时,应以窗台为界由上向下倒清砖层数。当砌至一定高度时,可检查与相邻墙体水平线的平行度,以便及时发现标高误差。

⑤在墙体一步架砌完前,应进行抄平弹半米线,用半米线向上引尺检查标高误差,墙体基面的标高误差,应在一步架内调整完毕。

(8)质量问题:清水墙勾缝不符合要求。

防治措施:

①清水墙面勾缝所用水泥的凝结时间和安定性复验应合格。砂浆的配合比应符合设计要求。

②勾缝前,必须对墙体砖缺楞掉角部位、瞎缝、刮缝深度不够的灰缝进行开凿。开缝深度为 10mm 左右,缝子上下切口应开凿整齐。

③砌墙时应保存一部分砖,供堵塞脚手眼用。脚手眼堵塞前,先将洞内的残余砂浆剔除干净,并浇水润湿(冲去浮灰),然后铺以砂浆用砖挤严。横、竖灰缝均应填实砂浆,顶砖缝采取喂灰方法塞严砂浆,以减少脚手眼对墙体强度的影响。

④勾缝前,应提前浇水冲刷墙面的浮灰(包括清除灰缝表层不实部分),待砖墙表皮略见风干时,再开始勾缝。

⑤勾缝用 1∶1.5 水泥细砂砂浆,细砂应过筛,砂浆稠度以勾缝镏子挑起不落为宜。

⑥外清水墙勾凹缝,凹缝深度为 4～5mm,为使凹缝切口整齐,宜将勾缝镏子做成倒梯形断面。操作时用镏子将勾缝砂浆压入缝内,并来回压实、上下口切齐。竖缝镏子断面构造相同,竖缝应与上下水平缝搭接平整,左右切口要齐。为防止托灰板对墙面的污染,将板端刨成尖角,以减少与墙面的接触。

⑦勾完缝后,待勾缝砂浆略被砖面吸水起干,即可进行扫缝。扫缝应顺缝扫,先水平缝,后竖缝,扫缝时应不断地抖掉扫帚中的砂浆粉粒,以减少对墙面的污染。

⑧干燥天气,勾缝后应喷水养护。

(9)质量问题:墙面留置阴槎,接槎不严。

防治措施:

①在安排施工组织计划时,对施工留槎应做统一考虑。外墙大角尽量做到同步砌筑不留槎,或一步架留槎,二步架改为同步砌筑,以加强墙角的整体性。纵横墙交接处,有条件时尽量安

排同步砌筑,如外脚手砌纵墙,横墙可以与此同步砌筑,工作面互不干扰。这样可尽量减少留槎部位,有利于房屋的整体性。

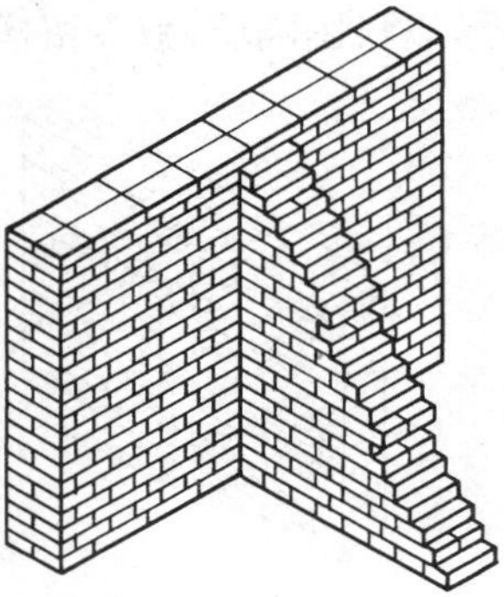

②执行 8 度以上抗震设防地区不得留直槎的规定,斜槎宜采取 18 层斜槎砌法(图2-55),为防止因操作不熟练,使接槎处水平缝不直,可以加立小皮数杆。清水墙留槎,如遇有门窗口,应将留槎部位砌至转角门窗口边,在门窗口框边立皮数杆,以控制标高(图2-56)。

图 2-55　斜槎砌法

③非抗震设防地区及抗震设防烈度为 6、7 度地区,当留斜槎确有困难时,应留引出墙面 120mm 的直槎,并按规定设拉结筋(图 2-57),使咬槎砖缝便于接砌,以保证接槎质量,增强墙体的整体性。

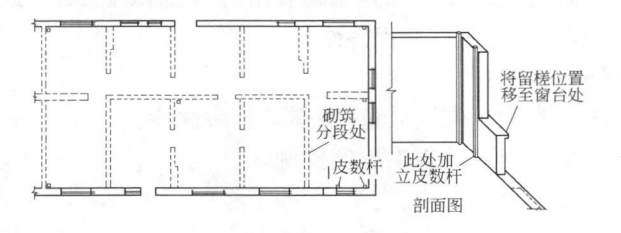

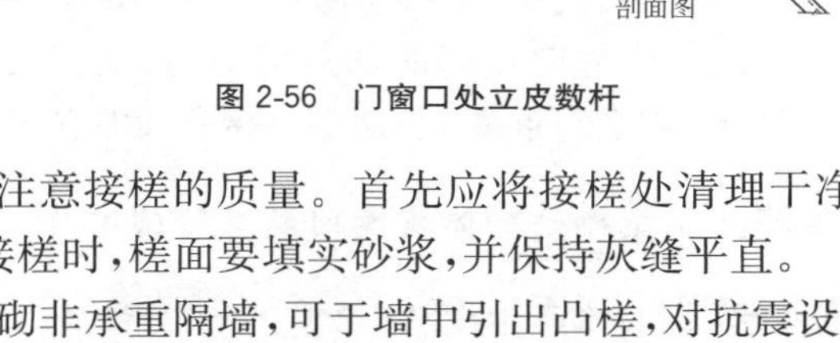

图 2-56　门窗口处立皮数杆

④应注意接槎的质量。首先应将接槎处清理干净,然后浇水湿润,接槎时,槎面要填实砂浆,并保持灰缝平直。

⑤后砌非承重隔墙,可于墙中引出凸槎,对抗震设防地区还应按规定设置拉结钢筋,非抗震设防地区的 120mm 隔墙,也可采取在墙面上留榫式槎的作法(图2-58)。接槎时,应在榫式槎

洞口内先填塞砂浆,顶皮砖的上部灰缝用大铲或瓦刀将砂浆塞严,以稳固隔墙,减少留槎洞口对墙体断面的削弱。

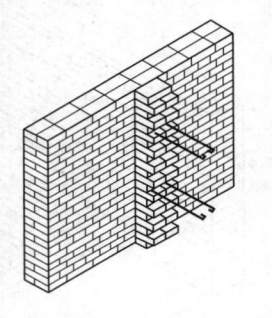

图 2-57　外探 120mm 直槎

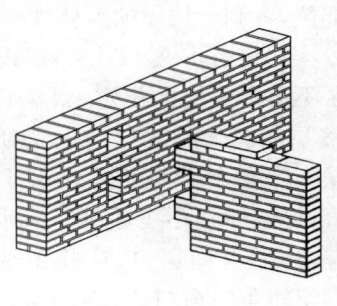

图 2-58　榫式槎

⑥外清水墙施工洞口(竖井架上料口)留槎部位,应加以保护和遮盖,防止运料小车碰撞槎子和撒落混凝土、砂浆造成污染。为使填砌施工洞口用砖规格和色泽与墙体保持一致,在施工洞口附近应保存一部分原砌墙用砖,供填砌洞口时使用。

(10)质量问题:墙面渗水。

防治措施:

①认真检查砌块质量,特别是抗渗性能。

②加强灰缝砂浆饱满度控制。

③杜绝墙体裂缝。

④门窗框周边嵌缝应在墙面抹灰前进行,而且要待固定门窗框铁脚的砂浆(或细石混凝土)达到一定强度后进行。

2. 混凝土小型砌块砌体质量问题及防治

(1)质量问题:墙体产生滑移,严重的导致倒塌。

防治措施:

①当雨量较大时应停止砌筑,并将墙体顶部覆盖,以免雨水

浸入;继续施工时,需复核墙体垂直度,如发现垂直度超过规范要求,应拆除重新砌筑。

②对稳定性较差的窗间墙和独立柱,在大风时应加设临时支撑或及时浇筑圈梁。

③雨期施工时,对进入现场的砌块要采取防雨措施,如上面覆盖塑料薄膜或其他防水卷材。

④当可能遇大风时,对墙和柱的允许自由高度进行控制:一般 6~7 级大风时,高度不宜超过 1.4m;8 级大风时,高度不宜超过 1.1m;9 级大风时,高度不宜超过 0.7m

(2)质量问题:墙体隔热性能差、墙体内表面温度高。

防治措施:

①采取适当的保温措施,使保温性能满足热工和节能要求。

a. 采用内保温,即在墙体内侧贴或抹保温材料,如贴珍珠岩板、贴充气石膏板、抹保温砂浆等。采用内保温时要注意在外露墙面的普通混凝土柱、楼板、梁,挑出的屋面板和阳台等产生"热桥"的部位,应在外侧同时采取贴保温板或抹保温砂浆等保温措施。

b. 寒冷地区采用外保温,在外墙粘贴保温板,如聚苯板、水泥聚苯板,再在外面做增强纤维饰面层;也可采用外保温复合墙,即在承重小砌块外侧砌加气砌块或其他装饰块材。

c. 在严寒地区可采用夹芯保温墙体,即在承重砌块和保温外墙之间填充高效保温材料,这种方法效果好,但成本高。

d. 从建筑设计上采取措施,改善建筑热工性能。对于寒冷地区有保温要求的建筑物,平面和空间布置应力求紧凑,尽量缩小外围结构面积,以减少建筑物的热损失;主房间应布置在较好朝向,充分利用太阳的热量;迎风面和阴面尽量布置次要房间,减少窗面积,以降低冷风渗透的热损失。

②在南方地区采取合适的隔热措施,使其隔热性能达到240mm厚砖墙同样的隔热效果。

a.南方炎热地区的建筑,平面和空间布置应力求避免大面积受烈日暴晒,避免出现大面积东、西向墙面及门窗;充分利用绿化遮阴;争取主导风向和室内穿堂风,以利通风散热。

b.为了降低对太阳辐射热的吸收率,增加反射率,可以在外墙面的外表结合装饰要求,采用浅色或刷白处理等方法。

c.采用多排孔砌块墙体,如240mm厚三排孔小砌块的墙体,其隔热性能可以接近240mm厚黏土砖墙。

d.炎热地区东、西、北三面的外墙,应根据情况采取隔热措施,如小砌块孔洞中填炉渣、泡沫粉煤灰等,或砌筑复合砌体、粘贴隔热材料,也可在外墙的外侧做外挂隔热通风层。

3. 配筋砌体质量问题及防治

(1)质量问题:水平钢筋安放质量缺陷。

防治措施:

①由于小砌块配筋砌体水平钢筋的施工是与小砌块砌筑交叉进行的,在砌体砌好后,钢筋就难以进行检查和校正;因此与一般工程不同,水平钢筋应分皮进行隐蔽工程验收,质量检查人员要跟班检查。

②根据设计图编制钢筋加工单,钢筋的规格、尺寸和弯钩应符合设计和规范要求;加工好的钢筋应编号,写好使用部位后,再运往楼面,避免操作人员用错部位。

③小砌块排列图上应标明水平钢筋长度、规格和搭接长度等;施工前应对操作人员进行详细的技术交底。

④两根水平钢筋之间的距离要满足设计要求,要用S钩绑扎固定。若使用钢筋网片,则网片要平整。

⑤设置在水平灰缝内的钢筋或网片,应居中放在砂浆层中。当是钢筋时,水平灰缝厚度应超过钢筋直径 6mm 以上;当是钢筋网片时,水平灰缝应超过网片厚度 4mm 以上,但水平灰缝总厚度不宜超过 15mm。

⑥设置在砌体水平灰缝内的钢筋应进行适当保护,可在其表面涂刷钢筋防腐涂料或防锈剂。

(2)质量问题:垂直钢筋位移。

防治措施:

①小砌块第一皮要用 E、U 型小砌块砌筑,保证每根竖筋的部位都有缺口,利于钢筋绑扎。

②钢筋搭接处绑扎不能少于两点,而且要绑扎牢固。

③混凝土浇捣时,振动棒不允许碰竖向钢筋。

④竖筋上部在顶皮小砌块面上点焊固定在一根通长的水平筋($\phi 10$)上,使其位置固定。

⑤混凝土浇捣完,在初凝前,对个别移位的钢筋进行校正,确保钢筋位置准确。

4.砌块填充墙质量问题及防治

(1)质量问题:填充墙与混凝土柱、梁、墙连接不良。

治理措施:

①柱、梁、板或承重墙内漏放拉结筋时,可在拉接筋部位将混凝土保护层凿除,将拉接筋按规范要求的搭接倍数焊接在柱、梁、板或承重墙钢筋上。

②柱、梁、板或承重墙与填充墙之间出现裂缝,可凿除原有嵌缝砂浆,重新嵌缝。

(2)质量问题:墙面抹灰裂缝、起壳。

治理措施:

①对于因结构问题引起墙面抹灰起壳、裂缝和渗水的,应先对结构采取措施后,再对抹灰进行处理。处理时,一般应铲除起壳部分,清理、湿润后重新分层抹灰。对于抹灰层裂缝一般应沿裂缝凿成Ⅴ形槽,清洗后用水泥砂浆分层嵌补或用油膏嵌缝,然后分层修补抹灰层。

②因砌块本身材料问题而引起的渗漏,应铲除该部位抹灰层,然后将砌块酥松或裂缝部分凿除,用水泥砂浆修补,达到一定强度后重新抹灰。

③因抹灰层太薄而造成渗水的墙面,可在表面凿毛,认真清理、湿润以后,加做一层抹灰。有条件时,可在抹灰层外涂防水层,如憎水剂等。

5. 墙体裂缝及防治

(1)质量问题:地基不均匀下沉引起墙体裂缝。

治理措施:

①对于沉降差不大,且已不再发展的一般性细小裂缝,因不会影响结构的安全和使用,采取砂浆堵抹即可。

②对于不均匀沉降仍在发展,裂缝较严重且在继续开展的情况,应本着先加固地基后处理裂缝的原则进行。一般可采用桩基托换加固方法来加固,即沿基础两侧布置灌注桩,上设抬梁,将原基础圈梁托起,防止地基继续下沉。然后根据墙体裂缝的严重程度,分别采用灌浆充填法(1∶2水泥砂浆);钢筋网片加固法(250mm×250mmϕ4~6钢筋网,用穿墙拉筋固定于墙体两侧,上抹35mm厚M10水泥砂浆或C20细石混凝土);拆砖重砌法(拆去局部砖墙,用高于原强度等级一级的砂浆重新砌筑)进行处理。

(2)质量问题:温度变化引起的墙体裂缝。

　　治理措施：

　　此类裂缝一般不会危及结构的安全，且 2～3 年将趋于稳定，因此，对于这类裂缝可待其基本稳定后再作处理。治理措施与"地基不均匀下沉引起墙体裂缝"基本相同。

　　(3)质量问题：大梁处的墙体裂缝。

　　治理措施：

　　由于此类裂缝属受力裂缝，将危及结构的安全，因此一旦发现，应尽快进行处理。首先由设计部门根据砖和砂浆的实际强度，并结合施工质量情况进行复核验算，如果局部受压不能满足规范要求，可会同施工部门采取加固措施。处理时，一般应先加固结构，后处理裂缝。对于情况严重者，为确保安全，必要时在处理前应采取临时加固措施，以防墙体突然性破坏。

第3部分 砌筑工岗位安全常识

一、砌筑工施工安全基本知识

1. 施工现场安全生产的基本特点

(1)建筑产品的多样性。

建筑结构是多样的,有混凝土结构、钢结构、木结构等;规模是多样的,从几百平方米到数百万平方米不等;建筑功能和工艺方法也同样是多样的。

建造不同的建筑产品,对人员、材料、机械设备、防护用品、施工技术等有不同的要求,而且建筑现场环境也千差万别,这些差别决定了建设过程中总会面临新的建筑安全问题。

(2)施工条件的多变性。

随着施工的推进,施工现场会从最初的地下十几米的深基坑变成耸立几百米的大楼,建设过程中的周边环境、作业条件、施工技术都在不断变化,包含着较高的风险。

(3)施工环境的危险性。

建筑施工的高耗能、施工作业的高强度、施工现场的噪声、热量、有害气体和尘土等,以及施工工作露天作业,这些都是工人经常面对的不利工作环境的负荷。严寒和高温使得工人体力和注意力下降,雨雪天气会导致工作面的湿滑,这些都容易导致事故的发生。

(4)施工人员的流动性。

建筑业属于劳动密集型行业,需要大量的人力资源。工人与施工单位间的短期雇佣关系,造成施工单位对施工作业培训严重不足,使得施工人员违章操作时有发生。

2. 工人上岗的基本安全要求

(1)新工人上岗前必须签订劳动合同。《中华人民共和国劳动法》规定:建立劳动关系应当订立劳动合同。劳动合同是劳动者与用人单位确立劳动关系、明确双方权利和义务的协议。

(2)新工人上岗前的"三级"教育记录。新进场的劳动者必须经过上岗前的"三级"安全教育,即:公司教育、项目部教育、班组教育。教育时间分别不少于15学时、15学时、20学时。有条件的企业应建立"民工安全流动学校",加强对职工的安全教育,经统一考核、统一发证后,方可上岗。

(3)重新上岗、转岗应接受安全教育。转换工作岗位和离岗后重新上岗人员,必须重新经过"三级"安全教育后才允许上岗工作。同时各个工种(瓦工、木工、钢筋工、中小型机械操作工等)应熟悉各自的安全操作规程。

(4)特种作业是指对操作者和其他工种作业人员以及对周围设施的安全有重大危险因素的作业。特种作业人员包括:电工、锅炉司炉工、起重工(包括各种起重司机、起重指挥和司索人员)、压力容器工、金属焊接(气割)工、安装拆卸工、场内机动车辆驾驶和建筑登高架设人员等。

(5)特种作业操作证,每两年复审一次。连续从事本工种10年以上的,经用人单位进行知识更新教育后,复审时间可延长至每四年一次。

(6)《中华人民共和国劳动法》规定:从事特种作业的劳动者,必须经过专门培训,并取得特种作业资格。

◗ **3. 进入施工现场的基本安全纪律**

(1)进入施工现场必须戴好安全帽,系好帽带,并正确使用个人劳动防护用品。

(2)穿拖鞋、高跟鞋、赤脚或赤膊不准进入施工现场。

(3)未经安全教育培训合格不得上岗,非操作者严禁进入危险区域;特种作业必须持特种作业资格证上岗。

(4)凡 2m 以上的高处作业无安全设施的,必须系好安全带,安全带必须先挂牢后再作业。

(5)高处作业材料和工具等物件不得上抛下掷。

(6)穿硬底鞋不得进行登高作业。

(7)机械设备、机具使用,必须做到"定人、定机"制度;未经有关人员同意,非操作人员不得使用。

(8)电动机械设备,必须有漏电保护装置和可靠保护接零,方可启动使用。

(9)未经有关人员批准,不得随意拆除安全设施和安全装置;因作业需要拆除的,作业完毕后,必须立即恢复。

(10)井字架吊篮、料斗不准乘人。

(11)酒后不准上班作业。

(12)作业前应对相关的作业人员进行安全技术交底。

◗ **4. 砌筑工岗位操作安全常识**

(1)在深度超过 1.5m 砌基础时,应检查槽帮有无裂缝、水浸或坍塌的危险隐患。送料、砂浆要设有溜槽,严禁向下猛倒和抛掷物料工具等。

(2)距槽帮上口 1m 以内,严禁堆积土方和材料。砌筑 2m 以上深基础时,应设有梯或坡道,不得攀跳槽、沟、坑上下,不得站在墙上操作。

（3）砌筑使用的脚手架，未经交接验收不得使用。验收使用后不准随便拆改或移动。

（4）在架子上用刨锛斩砖，操作人员必须面向里，把砖头斩在架子上。挂线用的坠物必须绑扎牢固。作业环境中的碎料、落地灰、杂物、工具集中下运，做到日产日清、自产自清、活完料净场地清。

（5）脚手架上堆放料量不得超过规定荷载（均布荷载每 $1m^2$ 不得超过 3kN，集中荷载不超过 1.5kN）。

（6）采用里脚手架砌墙时，不准站在墙上清扫墙面和检查大角垂直等作业。不准在刚砌好的墙上行走。

（7）在同一垂直面上上下交叉作业时，必须设置安全隔离层。

（8）用起重机吊运砖时，当采用砖笼往楼板上放砖时，要均匀分布，并必须预先在楼板底下加设支柱及横木承载。砖笼严禁直接吊放在脚手架上。

（9）在地坑、地沟砌砖时，严防塌方并注意地下管线、电缆等。在屋面坡度大于 25° 时，挂瓦必须使用移动板梯，板梯必须有牢固挂钩。檐口应搭设防护栏杆，并立挂密目安全网。

（10）屋面上瓦应两坡同时进行，保持屋面受力均衡，瓦要放稳。屋面无望板时，应铺设通道，不准在桁条、瓦条上行走。

（11）在石棉瓦等不能承重的轻型屋面上作业时，必须搭设临时走道板，并应在屋架下弦搭设水平安全网，严禁在石棉瓦上作业和行走。

（12）冬期施工有霜、雪时，必须将脚手架等作业环境的霜、雪清除后方可作业。

二、现场施工安全操作基本规定

1. 杜绝"三违"现象

员工遵章守纪，是实现安全生产的基础。员工在生产过程中，不仅要有熟练的技术，而且必须自觉遵守各项操作规程和劳动纪律，远离"三违"，即违章指挥、违章操作、违反劳动纪律。

（1）违章指挥。企业负责人和有关管理人员法制观念淡薄，缺乏安全知识，思想上存有侥幸心理，对国家、集体的财产和人民群众的生命安全不负责任。明知不符合安全生产有关条件，仍指挥作业人员冒险作业。

（2）违章作业。作业人员没有安全生产常识，不懂安全生产规章制度和操作规程，或者在知道基本安全知识的情况下，在作业过程中，违反安全生产规章制度和操作规程，不顾国家、集体的财产和他人、自己的生命安全，擅自作业，冒险蛮干。

（3）违反劳动纪律。上班时不知道劳动纪律，或者不遵守劳动纪律，违反劳动纪律进行冒险作业，造成不安全因素。

2. 牢记"三宝"和"四口、五临边"

（1）"三宝"指安全帽、安全带、安全网。安全帽、安全带、安全网是工人的三件宝，只有正确佩戴和使用，才可以保证个人安全。

（2）"四口"指楼梯口、电梯井口、预留洞口、通道口。"五临边"是指尚未安装栏杆的阳台周边、无外架防护的层面周边、框架工程楼层周边、上下跑道及斜道的两侧边、卸料平台的侧边。

"四口、五临边"是施工现场最危险和最容易发生事故的地方，因此对施工现场重要危险部位进行正确的防护，可以有效地减少事故发生，为工人作业提供一个安全的环境。

3.做到"三不伤害"

"三不伤害"是指不伤害自己、不伤害他人、不被他人伤害。

施工现场每一个操作人员和管理人员都要增强自我保护意识，同时也要对安全生产自觉负起监督的责任，才能达到全员安全的目的。

施工时经常有上下层或者不同工种、不同队伍互相交叉作业的情况，要避免这时候发生危险。相互间协调好，上层作业时，要对作业区域围蔽，有人值守，防止人员进入作业区下方。此外落物伤人，也是工地经常发生的事故之一，进入施工现场，一定要戴好安全帽。作业过程中，观察周围，不伤害他人，也不被他人伤害，这是工地安全的基本原则。自己不违章，只能保证不伤害自己，不伤害别人。要做到不被别人伤害，就要及时制止他人违章。制止他人违章既保护了自己，也保护了他人。

4.加强"三懂三会"能力

"三懂三会"即懂得本岗位和部门有什么火灾危险性，懂得灭火知识，懂得预防措施；会报火警，会使用灭火器材，会处理初起火灾。

5.掌握"十项安全技术措施"

（1）按规定使用安全"三宝"。

（2）机械设备防护装置一定要齐全有效。

（3）塔吊等起重设备必须有限位保险装置，不准带病运转，不准超负荷作业，不准在运转中维修保养。

（4）架设电线线路必须符合当地电业局的规定，电气设备必须全部接零接地。

（5）电动机械和手持电动工具要设置漏电保护器。

（6）脚手架材料及脚手架的搭设必须符合规程要求。

（7）各种缆风绳及其设置必须符合规程要求。

（8）在建工程的楼梯口、电梯口、预留洞口、通道口，必须有防护设施。

（9）严禁赤脚或穿高跟鞋、拖鞋进入施工现场，高空作业不准穿硬底和带钉易滑的鞋靴。

（10）施工现场的悬崖、陡坎等危险地区应设警戒标志，夜间要设红灯示警。

6.施工现场行走或上下的"十不准"

（1）不准从正在起吊、运吊中的物件下通过。

（2）不准从高处往下跳或奔跑作业。

（3）不准在没有防护的外墙和外壁板等建筑物上行走。

（4）不准站在小推车等不稳定的物体上操作。

（5）不得攀登起重臂、绳索、脚手架、井字架、龙门架和随同运料的吊盘及吊装物上下。

（6）不准进入挂有"禁止出入"或设有危险警示标志的区域、场所。

（7）不准在重要的运输通道或上下行走通道上逗留。

（8）未经允许不准私自进入非本单位作业区域或管理区域，尤其是存有易燃、易爆物品的场所。

（9）严禁在无照明设施、无足够采光条件的区域、场所内行走、逗留。

（10）不准无关人员进入施工现场。

7. 做到"十不盲目操作"

做到"十不盲目操作",是防止违章和事故的基本操作要求。

(1)新工人未经三级安全教育,复工换岗人员未经安全岗位教育,不盲目操作。

(2)特殊工种人员、机械操作工未经专门安全培训,无有效安全上岗操作证,不盲目操作。

(3)施工环境和作业对象情况不清,施工前无安全措施或作业安全交底不清,不盲目操作。

(4)新技术、新工艺、新设备、新材料、新岗位无安全措施,未进行安全培训教育、交底,不盲目操作。

(5)安全帽和作业所必需的个人防护用品不落实,不盲目操作。

(6)脚手、吊篮、塔吊、井字架、龙门架、外用电梯、起重机械、电焊机、钢筋机械、木工平刨、圆盘锯、搅拌机、打桩机等设施设备和现浇混凝土模板支撑、搭设安装后,未经验收合格,不盲目操作。

(7)作业场所安全防护措施不落实,安全隐患不排除,威胁人身和国家财产安全时,不盲目操作。

(8)凡上级或管理干部违章指挥,有冒险作业情况时,不盲目操作。

(9)高处作业、带电作业、禁火区作业、易燃易爆作业、爆破性作业、有中毒或窒息危险的作业和科研实验等其他危险作业的,均应由上级指派,并经安全交底;未经指派批准、未经安全交底和无安全防护措施,不盲目操作。

(10)隐患未排除,有自己伤害自己、自己伤害他人、自己被他人伤害的不安全因素存在时,不盲目操作。

8."防止坠落和物体打击"的十项安全要求

(1)高处作业人员必须着装整齐,严禁穿硬塑料底等易滑鞋、高跟鞋,工具应随手放入工具袋中。

(2)高处作业人员严禁相互打闹,以免失足发生坠落事故。

(3)在进行攀登作业时,攀登用具结构必须牢固可靠,使用必须正确。

(4)各类手持机具使用前应检查,确保安全牢靠。洞口临边作业应防止物件坠落。

(5)施工人员应从规定的通道上下,不得攀爬脚手架、跨越阳台,不得在非规定通道进行攀登、行走。

(6)进行悬空作业时,应有牢靠的立足点并正确系挂安全带;现场应视具体情况配置防护栏网、栏杆或其他安全设施。

(7)高处作业时,所有物料应该堆放平稳,不可放置在临边或洞口附近,且不可妨碍通行。

(8)高处拆除作业时,对拆卸下的物料、建筑垃圾都要加以清理和及时运走,不得在走道上任意乱置或向下丢弃,保持作业走道畅通。

(9)高处作业时,不准往下或向上乱抛材料和工具等物件。

(10)各施工作业场所内,凡有坠落可能的任何物料,都应先行撤除或加以固定,拆卸作业要在设有禁区、有人监护的条件下进行。

9.防止机械伤害的"一禁、二必须、三定、四不准"

(1)一禁。不懂电器和机械的人员严禁使用和摆弄机电设备。

(2)二必须。

①机电设备应完好，必须有可靠有效的安全防护装置。

②机电设备停电、停工休息时必须拉闸关机，按要求上锁。

（3）三定。

①机电设备应做到定人操作，定人保养、检查。

②机电设备应做到定机管理、定期保养。

③机电设备应做到定岗位和岗位职责。

（4）四不准。

①机电设备不准带病运转。

②机电设备不准超负荷运转。

③机电设备不准在运转时维修保养。

④机电设备运行时，操作人员不准将头、手、身伸入运转的机械行程范围内。

➤ 10. "防止车辆伤害"的十项安全要求

（1）未经劳动、公安交通部门培训合格的持证人员，不熟悉车辆性能者不得驾驶车辆。

（2）应坚持做好例保工作，车辆制动器、喇叭、转向系统、灯光等影响安全的部件如作用不良，不准出车。

（3）严禁翻斗车、自卸车的车厢乘人，严禁人货混装，车辆载货应不超载、超高、超宽，捆扎应牢固可靠，应防止车内物体失稳跌落伤人。

（4）乘坐车辆应坐在安全处，头、手、身不得露出车厢外，要避免车辆启动制动时跌倒。

（5）车辆进出施工现场，在场内掉头、倒车，在狭窄场地行驶时应有专人指挥。

（6）现场行车进场要减速，并做到"四慢"，即道路情况不明要慢，线路不良要慢，起步、会车、停车要慢，在狭路、桥梁弯路、坡路、叉道、行人拥挤地点及出入大门时要慢。

（7）临近机动车道的作业区和脚手架等设施以及道路中的路障，应加设安全色标、安全标志和防护措施，并要确保夜间有充足的照明。

（8）装卸车作业时，若车辆停在坡道上，应在车轮两侧用楔形木块加以固定。

（9）人员在场内机动车道应避免右侧行走，并做到不平排结队有碍交通；避让车辆时，应不避让于两车交会之中，不站于旁有堆物无法退让的死角。

（10）机动车辆不得牵引无制动装置的车辆，牵引物体时物体上不得有人，人不得进入正在牵引的物与车之间，坡道上牵引时，车和被牵引物下方不得有人作业和停留。

🎵 11."防止触电伤害"的十项安全操作要求

根据安全用电"装得安全、拆得彻底、用得正确、修得及时"的基本要求，为防止触电伤害的操作要求有：

（1）非电工严禁拆接电气线路、插头、插座、电气设备、电灯等。

（2）使用电气设备前必须检查线路、插头、插座、漏电保护装置是否完好。

（3）电气线路或机具发生故障时，应找电工处理，非电工不得自行修理或排除故障。

（4）使用振捣器等手持电动机械和其他电动机械从事湿作业时，要由电工接好电源，安装上漏电保护器，操作者必须穿戴好绝缘鞋、绝缘手套后再进行作业。

（5）搬迁或移动电气设备必须先切断电源。

（6）搬运钢筋、钢管及其他金属物时，严禁触碰到电线。

(7)禁止在电线上挂晒物料。

(8)禁止使用照明器烘烤、取暖,禁止擅自使用电炉和其他电加热器。

(9)在架空输电线路附近工作时,应停止输电,不能停电时,应有隔离措施,要保持安全距离,防止触碰。

(10)电线必须架空,不得在地面、施工楼面随意乱拖,若必须通过地面、楼面时,应有过路保护,物料、车、人不准压踏碾磨电线。

12. 施工现场防火安全规定

(1)施工现场要有明显的防火宣传标志。

(2)施工现场必须设置临时消防车道。其宽度不得小于3.5m,并保证临时消防车道的畅通,禁止在临时消防车道上堆物、堆料或挤占临时消防车道。

(3)施工现场必须配备消防器材,做到布局合理。要害部位应配备不少于 4 具的灭火器,要有明显的防火标志,并经常检查、维护、保养,保证灭火器材灵敏有效。

(4)施工现场消火栓应布局合理,消防干管直径不小于100mm,消火栓处昼夜要设有明显标志,配备足够的水龙带,周围 3m 内不准存放物品。地下消火栓必须符合防火规范。

(5)高度超过 24m 的建筑工程,应安装临时消防竖管。管径不得小于 75mm,每层设消火栓口,配备足够的水龙带。消防水要保证足够的水源和水压,严禁消防竖管作为施工用水管线。消防泵房应使用非燃材料建造,位置设置合理,便于操作,并设专人管理,保证消防供水。消防泵的专用配电线路应引自施工现场总断路器的上端,要保证连续不间断供电。

(6)电焊工、气焊工从事电气设备安装的电焊、气焊切割作业,要有操作证和用火证。用火前,要对易燃、可燃物采取清除、隔离等措施,配备看火人员和灭火器具,作业后必须确认无火源隐患后方可离去。用火证当日有效。用火地点变换,要重新办理用火证手续。

(7)氧气瓶、乙炔瓶工作间距不小于 5m,两瓶与明火作业距离不小于 10m。建筑工程内禁止氧气瓶、乙炔瓶存放,禁止使用液化石油气"钢瓶"。

(8)施工现场使用的电气设备必须符合防火要求。临时用电必须安装过载保护装置,电闸箱内不准使用易燃、可燃材料。严禁超负荷使用电气设备。

(9)施工材料的存放、使用应符合防火要求。库房应采用非燃材料支搭,易燃易爆物品应专库储存,分类单独存放,保持通风,用电符合防火规定。不准在工程内、库房内调配油漆、稀料。

(10)工程内部不准作为仓库使用,不准存放易燃、可燃材料,因施工需要进入工程内部的可燃材料,要根据工程计划限量进入并采取可靠的防火措施。废弃材料应及时消除。

(11)施工现场使用的安全网、密目式安全网、密目式防尘网、保温材料,必须符合消防安全规定,不得使用易燃、可燃材料。

(12)施工现场严禁吸烟,不得在建筑工程内部设置宿舍。

(13)施工现场和生活区,未经有关部门批准不得使用电热器具。严禁工程中明火保温施工及宿舍内明火取暖。

(14)从事油漆粉刷或防水等有毒及易燃危险作业时,要有具体的防火要求,必要时派专人看护。

(15)生活区的设置必须符合消防管理规定。严禁使用可燃材料搭设,宿舍内不得卧床吸烟,房间内住 20 人以上必须设置不少于 2 处的安全门,居住 100 人以上,要有消防安全通道及人员疏散预案。

(16)生活区的用电要符合防火规定。食堂使用的燃料必须符合使用规定,用火点和燃料不能在同一房间内,使用时要有专人管理,停火时将总开关关闭,经常检查有无泄漏。

三、高处作业安全知识

1. 高处作业的一般施工安全规定和技术措施

按照《高处作业分级》(GB/T 3608—2008)规定:凡在坠落高度基准面 2m 以上(含 2m)的可能坠落的高处所进行的作业,都称为高处作业。

在施工现场高处作业中,如果未防护、防护不好或作业不当都可能发生人或物的坠落。人从高处坠落的事故,称为高处坠落事故。物体从高处坠落砸着下面人的事故,称为物体打击事故。建筑施工中的高处作业主要包括临边、洞口、攀登、悬空、交叉作业等类型,这些是高处作业伤亡事故可能发生的主要地点。

高处作业时的安全措施有设置防护栏杆,孔洞加盖,安装安全防护门,满挂安全平立网,必要时设置安全防护棚等。

(1)施工前,应逐级进行安全技术教育及交底,落实所有安全技术措施和个人防护用品,未经落实时不得进行施工。

(2)高处作业中的安全标志、工具、仪表、电气设施和各种设备,必须在施工前加以检查,确认其完好,方能投入使用。

(3)悬空、攀登高处作业以及搭设高处安全设施的人员必须按照国家有关规定,经过专门的安全作业培训,并取得特种作业操作资格证书后,方可上岗作业。

（4）从事高处作业的人员必须定期进行身体检查，诊断患有心脏病、贫血、高血压、癫痫病、恐高症及其他不适宜高处作业的疾病时，不得从事高处作业。

（5）高处作业人员应头戴安全帽，身穿紧口工作服，脚穿防滑鞋，腰系安全带。

（6）高处作业场所有坠落可能的物体，应一律先行撤除或予以固定。所用物件均应堆放平稳，不妨碍通行和装卸。工具应随手放入工具袋，拆卸下的物件及余料和废料均应及时清理运走，清理时应采用传递或系绳提溜方式，禁止抛掷。

（7）遇有六级以上强风、浓雾和大雨等恶劣天气，不得进行露天悬空与攀登高处作业。台风暴雨后，应对高处作业安全设施逐一检查，发现有松动、变形、损坏或脱落、漏雨、漏电等现象，应立即修理完善或重新设置。

（8）所有安全防护设施和安全标志等，任何人都不得损坏或擅自移动和拆除。因作业必须临时拆除或变动安全防护设施、安全标志时，必须经有关施工负责人同意，并采取相应的可靠措施，作业完毕后立即恢复。

（9）施工中对高处作业的安全技术设施发现有缺陷和隐患时，必须立即报告，及时解决。危及人身安全时，必须立即停止作业。

2. 高处作业的基本安全技术措施

（1）凡是临边作业，都要在临边处设置防护栏杆，一般上杆离地面高度为 1.0～1.2m，下杆离地面高度为 0.5～0.6m；防护栏杆必须自上而下用安全网封闭，或在栏杆下边设置严密固定的高度不低于 18cm 的挡脚板或 40cm 的挡脚竹笆。

（2）对于洞口作业，可根据具体情况采取设防护栏杆、加盖板、张挂安全网与装栅门等措施。

（3）进行攀登作业时，作业人员要从规定的通道上下，不能在阳台之间等非规定通道进行攀登，也不得任意利用吊车车臂架等施工设备进行攀登。

（4）进行悬空作业时，要设有牢靠的作业立足处，并视具体情况设防护栏杆，搭设架手架、操作平台，使用马凳，张挂安全网或其他安全措施；作业所用索具、脚手板、吊篮、吊笼、平台等设备，均需经技术鉴定方能使用。

（5）进行交叉作业时，注意不得在上下同一垂直方向上操作，下层作业的位置必须处于依上层高度确定的可能坠落范围之外。不符合以上条件时，必须设置安全防护层。

（6）结构施工自二层起，凡人员进出的通道口（包括井架、施工电梯的进出口），均应搭设安全防护棚。高度超过 24m 时，防护棚应设双层。

（7）建筑施工进行高处作业之前，应进行安全防护设施的检查和验收。验收合格后，方可进行高处作业。

3. 高处作业安全防护用品使用常识

由于建筑行业的特殊性，高处作业中发生高处坠落、物体打击事故的比例最大。要避免伤亡事故，作业人员必须正确佩戴安全帽，调好帽箍，系好帽带；正确使用安全带，高挂低用；按规定架设安全网。

（1）安全帽。对人体头部受外力伤害（如物体打击）起防护作用的帽子。使用时要注意：

①选用经有关部门检验合格，其上有"安鉴"标志的安全帽。

②使用安全帽前先检查外壳是否破损，有无合格帽衬，帽带是否齐全，如果不符合要求则立即更换。

③调整好帽箍、帽衬（4～5cm），系好帽带。

（2）安全带。高处作业人员预防坠落伤亡的防护用品。使用时要注意：

①选用经有关部门检验合格的安全带，并保证在使用有效期内。

②安全带严禁打结、续接。

③使用中，要可靠地挂在牢固的地方，高挂低用，且要防止摆动，避免明火和刺割。

④2m 以上的悬空作业，必须使用安全带。

⑤在无法直接挂设安全带的地方，应设置挂安全带的安全拉绳、安全栏杆等。

（3）安全网。用来防止人、物坠落或用来避免、减轻坠落及物体打击伤害的网具。使用时要注意：

①要选用有合格证的安全网；在使用时，必须按规定到有关部门检测、检验合格，方可使用。

②安全网若有破损、老化，应及时更换。

③安全网与架体连接不宜绷得太紧，系结点要沿边分布均匀、绑牢。

④立网不得作为平网使用。

⑤立网必须选用密目式安全网。

四、脚手架作业安全技术常识

1.脚手架的作用及常用架型

脚手架的搭设、拆除作业属悬空、攀登高处作业，其作业人员必须按照国家有关规定经过专门的安全作业培训，并取得特种作业操作资格证书后，方可上岗作业。其他无资格证书的作业人员只能做一些辅助工作，严禁悬空、登高作业。

脚手架的主要作用是在高处作业时供堆料、短距离水平运输及作业人员在上面进行施工作业。高处作业的五种基本类型的安全隐患在脚手架上作业中都会发生。

脚手架应满足以下基本要求：

(1)要有足够的牢固性和稳定性,保证施工期间在所规定的荷载和气候条件下,不产生变形、倾斜和摇晃。

(2)要有足够的使用面积,满足堆料、运输、操作和行走的要求。

(3)构造要简单,搭设、拆除和搬运要方便。

常用脚手架有扣件式钢管脚手架、门型钢管脚手架、碗扣式钢管架等。此外还有附着升降脚手架、吊篮式脚手架、挂式脚手架等。

2.脚手架作业一般安全技术常识

(1)每项脚手架工程都要有经批准的施工方案并严格按照此方案搭设和拆除,作业前必须组织全体作业人员熟悉施工和作业要求,进行安全技术交底。班组长要带领作业人员对施工作业环境及所需工具、安全防护设施等进行检查,消除隐患后方可作业。

(2)脚手架要结合工程进度搭设,结构施工时脚手架要始终高出作业面一步架,但不宜一次搭得过高。未完成的脚手架,作业人员离开作业岗位(休息或下班)时,不得留有未固定的构件,并应保证架子稳定。

脚手架要经验收签字后方可使用。分段搭设时应分段验收。在使用过程中要定期检查,较长时间停用、台风或暴雨过后使用前要进行检查加固。

(3)落地式脚手架基础必须坚实,若是回填土,必须平整夯实,并做好排水措施,以防止地基沉陷引起架子沉降、变形、倒塌。当基础不能满足要求时,可采取挑、吊、撑等技术措施,将荷载分段卸到建筑物上。

(4)设计搭设高度较小(15m 以下)时,可采用抛撑;当设计高度较大时,采用既抗拉又抗压的连墙点(根据规范用柔性或刚性连墙点)。

(5)施工作业层的脚手板要满铺、牢固,离墙间隙不大于 15cm,并不得出现探头板;在架子外侧四周设 1.2m 高的防护栏杆及 18cm 的挡脚板,且在作业层下装设安全平网;架体外排立杆内侧挂设密目式安全立网。

(6)脚手架出入口须设置规范的通道口防护棚;外侧临街或高层建筑脚手架,其外侧应设置双层安全防护棚。

(7)架子使用中,通常架上的均布荷载,不应超过规范规定。人员、材料不要太集中。

(8)在防雷保护范围之外,应按规定安装防雷保护装置。

(9)脚手架拆除时,应设警戒区和醒目标志,有专人负责警戒;架体上的材料、杂物等应消除干净;架体若有松动或危险的部位,应予以先行加固,再进行拆除。

(10)拆除顺序应遵循"自上而下,后装的构件先拆,先装的后拆,一步一清"的原则,依次进行。不得上下同时拆除作业,严禁用踏步式、分段、分立面拆除法。

(11)拆下来的杆件、脚手板、安全网等应用运输设备运至地面,严禁从高处向下抛掷。

五、施工现场临时用电安全知识

1. 现场临时用电安全基本原则

(1)建筑施工现场的电工、电焊工属于特种作业工种,必须按国家有关规定经专门安全作业培训,取得特种作业操作资格证书,方可上岗作业。其他人员不得从事电气设备及电气线路的安装、维修和拆除。

(2)建筑施工现场必须采用 TN-S 接零保护系统,即具有专用保护零线(PE 线)、电源中性点直接接地的 220/380V 三相五线制系统。

(3)建筑施工现场必须按"三级配电二级保护"设置。

(4)施工现场的用电设备必须实行"一机、一闸、一漏、一箱"制,即每台用电设备必须有自己专用的开关箱,专用开关箱内必须设置独立的隔离开关和漏电保护器。

(5)严禁在高压线下方搭设临建、堆放材料和进行施工作业;在高压线一侧作业时,必须保持至少 6m 的水平距离,达不到上述距离时,必须采取隔离防护措施。

(6)在宿舍工棚、仓库、办公室内,严禁使用电饭煲、电水壶、电炉、电热杯等较大功率电器。如需使用,应由项目部安排专业电工在指定地点安装,可使用较高功率电器的电气线路和控制器。严禁使用不符合安全要求的电炉、电热棒等。

(7)严禁在宿舍内乱拉、乱接电源,非专职电工不准乱接或更换熔丝,不准以其他金属丝代替熔丝(保险丝)。

(8)严禁在电线上晾衣服和挂其他东西等。

(9)搬运较长的金属物体,如钢筋、钢管等材料时,应注意不要碰触到电线。

(10)在临近输电线路的建筑物上作业时,不能随便往下扔金属类杂物;更不能触摸、拉动电线或与电线接触的钢丝和电杆的拉线。

(11)移动金属梯子和操作平台时,要观察高处输电线路与移动物体的距离,确认有足够的安全距离,再进行作业。

(12)在地面或楼面上运送材料时,不要踏在电线上;停放手推车,堆放钢模板、跳板、钢筋时,不要压在电线上。

(13)移动有电源线的机械设备,如电焊机、水泵、小型木工机械等,必须先切断电源,不能带电搬动。

(14)当发现电线坠地或设备漏电时,切不可随意跑动和触摸金属物体,并应保持 10m 以上距离。

2. 安全电压

安全电压是为防止触电事故而采用的 50V 以下特定电源供电的电压系列,分为 42V、36V、24V、12V 和 6V 五个等级,根据不同的作业条件,选用不同的安全电压等级。建筑施工现场常用的安全电压有 12V、24V、36V。

以下特殊场所必须采用安全电压照明供电:

(1)室内灯具离地面低于 2.4m、手持照明灯具、一般潮湿作业场所(地下室、潮湿室内、潮湿楼梯、隧道、人防工程以及有高温、导电灰尘等)的照明,电源电压应不大于 36V。

(2)潮湿和易触及带电体场所的照明电源电压,应不大于 24V。

(3)在特别潮湿的场所、锅炉或金属容器内、导电良好的地面使用手持照明灯具等,照明电源电压不得大于 12V。

3. 电线的相色

(1)正确识别电线的相色。

电源线路可分为工作相线(火线)、专用工作零线和专用保护零线。一般情况下,工作相线(火线)带电危险,专用工作零线和专用保护零线不带电(但在不正常情况下,工作零线也可以带电)。

(2)相色规定。

一般相线(火线)分为 A、B、C 三相,分别为黄色、绿色、红色;工作零线为黑色;专用保护零线为黄绿双色线。

严禁用黄绿双色、黑色、蓝色线充当相线,也严禁用黄色、绿色、红色线作为工作零线和保护零线。

4. 插座的使用

要正确使用与安装插座。

(1)插座分类。

常用的插座分为单相双孔、单相三孔和三相三孔、三相四孔等。

(2)选用与安装接线。

①三孔插座应选用"品字形"结构,不应选用等边三角形排列的结构,因为后者容易发生三孔互换,造成触电事故。

②插座在电箱中安装时,必须首先固定安装在安装板上,接地极与箱体一起作可靠的 PE 保护。

③三孔或四孔插座的接地孔(较粗的一个孔),必须置于顶部位置,不可倒置,两孔插座应水平并列安装,不准垂直并列安装。

④插座接线要求:对于两孔插座,左孔接零线,右孔接相线;对于三孔插座,左孔接零线,右孔接相线,上孔接保护零线;对于四孔插座,上孔接保护零线,其他三孔分别接 A、B、C 三根相线。

5. "用电示警"标志

正确识别"用电示警"标志或标牌,不得随意靠近、随意损坏和挪动标牌(表 3-1)。进入施工现场的每个人都必须认真遵守用电管理规定,见到用电示警标志或标牌时,不得随意靠近,更不准随意损坏、挪动标牌。

表 3-1　　　　　　　　　用电示警标志分类和使用

分类＼使用	颜色	使用场所
常用电力标志	红色	配电房、发电机房、变压器等重要场所
高压示警标志	字体为黑色,箭头和边框为红色	需高压示警场所
配电房示警标志	字体为红色,边框为黑色(或字与边框交换颜色)	配电房或发电机房
维护检修示警标志	底为红色,字为白色(或字为红色,底为白色,边框为黑色)	维护检修时相关场所
其他用电示警标志	箭头为红色,边框为黑色,字为红色或黑色	其他一般用电场所

 6.电气线路的安全技术措施

(1)施工现场电气线路全部采用"三相五线制"(TN-S 系统)专用保护接零(PE 线)系统供电。

(2)施工现场架空线采用绝缘铜线。

(3)架空线设在专用电杆上,严禁架设在树木、脚手架上。

(4)导线与地面保持足够的安全距离。

导线与地面最小垂直距离:施工现场应不小于 4m;机动车道应不小于 6m;铁路轨道应不小于 7.5m。

(5)无法保证规定的电气安全距离时,必须采取防护措施。

如果由于在建工程位置限制而无法保证规定的电气安全距

离,必须采取设置防护性遮拦、栅栏,悬挂警告标志牌等防护措施,发生高压线断线落地时,非检修人员要远离落地处 10m 以外,以防跨步电压危害。

(6)为了防止设备外壳带电发生触电事故,设备应采用保护接零,并安装漏电保护器等措施。作业人员要经常检查保护零线连接是否牢固可靠,漏电保护器是否有效。

(7)在电箱等用电危险地方,挂设安全警示牌。如"有电危险""禁止合闸,有人工作"等。

7. 照明用电的安全技术措施

施工现场临时照明用电的安全要求如下:

(1)临时照明线路必须使用绝缘导线。户内(工棚)临时线路的导线必须安装在离地 2m 以上的支架上;户外临时线路必须安装在离地 2.5m 以上的支架上,零星照明线不允许使用花线,一般应使用软电缆线。

(2)建设工程的照明灯具宜采用拉线开关。拉线开关距地面高度为 2～3m,与出口、入口的水平距离为 0.15～0.2m。

(3)严禁在床头设立开关和插座。

(4)电器、灯具的相线必须经过开关控制。

不得将相线直接引入灯具,也不允许以电气插头代替开关来分合电路,室外灯具距地面不得低于 3m;室内灯具不得低于 2.4m。

(5)使用手持照明灯具(行灯)应符合一定的要求:

①电源电压不超过 36V。

②灯体与手柄应坚固,绝缘良好,并耐热防潮湿。

③灯头与灯体结合牢固。

④灯泡外部要有金属保护网。

⑤金属网、反光罩、悬吊挂钩应固定在灯具的绝缘部位上。

(6)照明系统中每一单相回路上,灯具和插座数量不宜超过25个,并应装设熔断电流为15A以下的熔断保护器。

8.配电箱与开关箱的安全技术措施

施工现场临时用电一般采用三级配电方式,即总配电箱(或配电室),下设分配电箱,再以下设开关箱,开关箱以下就是用电设备。

配电箱和开关箱的使用安全要求如下:

(1)配电箱、开关箱的箱体材料,一般应选用钢板,亦可选用绝缘板,但不宜选用木质材料。

(2)配电箱、开关箱应安装端正、牢固,不得倒置、歪斜。

固定式配电箱、开关箱的下底与地面垂直距离应大于或等于1.3m且小于或等于1.5m;移动式配电箱、开关箱的下底与地面的垂直距离应大于或等于0.6m且小于或等于1.5m。

(3)进入开关箱的电源线,严禁用插销连接。

(4)电箱之间的距离不宜太远。

配电箱与开关箱的距离不得超过30m。开关箱与固定式用电设备的水平距离不宜超过3m。

(5)每台用电设备应有各自专用的开关箱,且必须满足"一机、一闸、一漏、一箱"的要求,严禁用同一个开关电器直接控制两台及两台以上用电设备(含插座)。

开关箱中必须设漏电保护器,其额定漏电动作电流应不大于30mA,漏电动作时间应不大于0.1s。

(6)所有配电箱门应配锁,不得在配电箱和开关箱内挂接或插接其他临时用电设备,开关箱内严禁放置杂物。

(7)配电箱、开关箱的接线应由电工操作,非电工人员不得乱接。

9. 配电箱和开关箱的使用要求

(1)在停电、送电时,配电箱、开关箱之间应遵守合理的操作顺序。

送电操作顺序:总配电箱→分配电箱→开关箱。

断电操作顺序:开关箱→分配电箱→总配电箱。

正常情况下,停电时首先分断自动开关,然后分断隔离开关;送电时先合隔离开关,后合自动开关。

(2)使用配电箱、开关箱时,操作者应接受岗前培训,熟悉所使用设备的电气性能和掌握有关开关的正确操作方法。

(3)及时检查、维修,更换熔断器的熔丝必须用原规格的熔丝,严禁用铜线、铁线代替。

(4)配电箱的工作环境应经常保持设置时的要求,不得在其周围堆放任何杂物,保持必要的操作空间和通道。

(5)维修机器停电作业时,要与电源负责人联系停电,要悬挂警示标志,卸下保险丝,锁上开关箱。

10. 手持电动机具的安全使用要求

(1)一般场所应选用Ⅰ类手持式电动工具,并应装设额定漏电动作电流不大于15mA、额定漏电动作时间小于0.1s的漏电保护器。

(2)在露天、潮湿场所或金属构架上操作时,必须选用Ⅱ类手持式电动工具,并装设漏电保护器,严禁使用Ⅰ类手持式电动工具。

(3)负荷线必须采用耐用的橡皮护套铜芯软电缆。

单相用三芯(其中一芯为保护零线)电缆;三相用四芯(其中一芯为保护零线)电缆;电缆不得有破损或老化现象,中间不得有接头。

（4）手持电动工具应配备装有专用的电源开关和漏电保护器的开关箱，严禁一台开关接两台以上设备，其电源开关应采用双刀控制。

（5）手持电动工具开关箱内应采用插座连接，其插头、插座应无损坏、无裂纹，且绝缘良好。

（6）使用手持电动工具前，必须检查外壳、手柄、负荷线、插头等是否完好无损，接线是否正确（防止相线与零线错接）；发现工具外壳、手柄破裂，应立即停止使用并进行更换。

（7）非专职人员不得擅自拆卸和修理工具。

（8）作业人员使用手持电动工具时，应穿绝缘鞋，戴绝缘手套，操作时握其手柄，不得利用电缆提拉。

（9）长期搁置不用或受潮的工具在使用前应由电工测量绝缘阻值是否符合要求。

◗♪ 11. 触电事故及原因分析

（1）缺乏电气安全知识，自我保护意识淡薄。

电气设施安装或接线不是由专业电工操作，而是由非专业人员安装。安装人又无基本的电气安全知识，装设不符合电气基本要求，造成意外的触电事故。发生这种触电事故的原因都是缺乏电气安全知识，无自我保护意识。

（2）违反安全操作规程。

施工现场中，有人图方便，不用插头，在电箱乱拉乱接电线。还有人在宿舍私自拉接电线照明，在床上接音响设备、电风扇，有的甚至烧水、做饭等，极易造成触电事故。也有人凭经验用手去试探电器是否带电或不采取安全措施带电作业，或带着侥幸心理，在带电体（如高压线）周围，不采取任何安全措施，违章作业,造成触电事故等。

(3)不使用"TN-S"接零保护系统。

有的工地未使用"TN-S"接零保护系统,或者未按要求连接专用保护接零线,无有效地安全保护系统。不按"三级配电二级保护""一机、一闸、一漏、一箱"设置,造成工地用电使用混乱,易造成误操作,并且在触电时,使得安全保护系统未起可靠的安全保护效果。

(4)电气设备安装不合格。

电气设备安装必须遵守安全技术规定,否则由于安装错误,当人身接触带电部分时,就会造成触电事故。如电线高度不符合安全要求,太低,架空线乱拉、乱扯,有的还将电线拴在脚手架上,导线的接头只用老化的绝缘布包上,以及电气设备没有做保护接地、保护接零等,一旦漏电就会发生严重触电事故。

(5)电气设备缺乏正常检修和维护。

由于电气设备长期使用,易出现电气绝缘老化、导线裸露、胶盖刀闸胶木破损、插座盖子损坏等。如不及时检修,一旦漏电,将造成严重后果。

(6)偶然因素。

电力线被风刮断,导线接触地面引起跨步电压,当人走近该地区时就会发生触电事故。

六、起重吊装机械安全操作常识

1. 基本要求

塔式起重机、施工电梯、物料提升机等施工起重机械的操作(也称为司机)、指挥、司索等作业人员属特种作业,必须按国家有关规定经专门安全作业培训,取得特种作业操作资格证书,方可上岗作业。

施工起重机械(也称垂直运输设备)必须由有相应的制造(生产)许可证的企业生产,并有出厂合格证。其安装、拆除、加高及附墙施工作业,必须由有相应作业资格的队伍作业,作业人员必须按国家有关规定经专门安全作业培训,取得特种作业操作资格证书,方可上岗作业。其他非专业人员不得上岗作业。安装、拆卸、加高及附墙施工作业前,必须有经审批、审查的施工方案,并进行方案及安全技术交底。

2. 塔式起重机使用安全常识

(1)起重机"十不吊"。

①起重臂和吊起的重物下面有人停留或行走不准吊。

②起重指挥应由技术培训合格的专职人员担任,无指挥或信号不清不准吊。

③钢筋、型钢、管材等细长和多根物件必须捆扎牢靠,多点起吊。单头"千斤"或捆扎不牢靠不准吊。

④多孔板、积灰斗、手推翻斗车不用四点吊或大模板外挂板不用卸甲不准吊。预制钢筋混凝土楼板不准双拼吊。

⑤吊砌块必须使用安全可靠的砌块夹具,吊砖必须使用砖笼,并堆放整齐。木砖、预埋件等零星物件要用盛器堆放稳妥,叠放不齐不准吊。

⑥楼板、大梁等吊物上站人不准吊。

⑦埋入地下的板桩、井点管等以及粘连、附着的物件不准吊。

⑧多机作业,应保证所吊重物距离不小于 3m,在同一轨道上多机作业,无安全措施不准吊。

⑨六级以上强风不准吊。

⑩斜拉重物或超过机械允许荷载不准吊。

（2）塔式起重机吊运作业区域内严禁无关人员入内，起吊物下方不准站人。

（3）司机（操作）、指挥、司索等工种应按有关要求配备，其他人员不得作业。

（4）六级以上强风不准吊运物件。

（5）作业人员必须听从指挥人员的指挥，吊物起吊前作业人员应撤离。

（6）吊物的捆绑要求。

①吊运物件时，应清楚重量，吊运点及绑扎应牢固可靠。

②吊运散件物时，应用铁制合格料斗，料斗上应设有专用的牢固的吊装点；料斗内装物高度不得超过料斗上口边，散粒状的轻浮易撒物盛装高度应低于上口边线 10cm。

③吊运长条状物品（如钢筋、长条状木方等），所吊物件应在物品上选择两个均匀、平衡的吊点，绑扎牢固。

④吊运有棱角、锐边的物品时，钢丝绳绑扎处应做好防护措施。

3. 施工电梯使用安全常识

施工电梯也称外用电梯，也有称为（人、货两用）施工升降机，是施工现场垂直运输人员和材料的主要机械设备。

（1）施工电梯投入使用前，应在首层搭设出入口防护棚，防护棚应符合有关高处作业规范。

（2）电梯在大雨、大雾、六级以上大风以及导轨架、电缆等结冰时，必须停止使用，并将梯笼降到底层，切断电源。暴风雨后，应对电梯各安全装置进行一次检查，确认正常，方可使用。

（3）电梯底笼周围 2.5m 范围，应设置防护栏杆。

（4）电梯各出料口运输平台应平整牢固，还应安装牢固可靠的栏杆和安全门，使用时安全门应保持关闭。

（5）电梯使用应有明确的联络信号，禁止用敲打、呼叫等方式联络。

（6）乘坐电梯时，应先关好安全门，再关好梯笼门，方可启动电梯。

（7）梯笼内乘人或载物时，应使载荷均匀分布，不得偏重；严禁超载运行。

（8）等候电梯时，应站在建筑物内，不得聚集在通道平台上，也不得将头手伸出栏杆和安全门外。

（9）电梯每班首次载重运行时，当梯笼升离地面 $1\sim2m$ 时，应停机试验制动器的可靠性；当发现制动效果不良时，应调整或修复后方可投入使用。

（10）操作人员应根据指挥信号操作。作业前应鸣声示意。在电梯未切断总电源开关前，操作人员不得离开操作岗位。

（11）施工电梯发生故障的处理。

①当运行中发现异常情况时，应立即停机并采取有效措施，将梯笼降到底层，排除故障后方可继续运行。

②在运行中发现电梯失控时，应立即按下急停按钮；在未排除故障前，不得打开急停按钮。

③在运行中发现制动器失灵时，可将梯笼开至底层维修；或者让其下滑防坠安全器制动。

④在运行中发现故障时，不要惊慌，电梯的安全装置将提供可靠的保护；应听从专业人员的安排，或等待修复，或听从专业人员的指挥撤离。

（12）作业后，应将梯笼降到底层，各控制开关拨到零位，切断电源，锁好开关箱，闭锁梯笼门和围护门。

4. 物料提升机使用安全常识

物料提升机有龙门架、井字架式的,也有的称为(货用)施工升降机,是施工现场物料垂直运输的主要机械设备。

(1)物料提升机用于运载物料,严禁载人上下;装卸料人员、维修人员必须在安全装置可靠或采取了可靠的措施后,方可进入吊笼内作业。

(2)物料提升机进料口必须加装安全防护门,并按高处作业规范搭设防护棚,并设安全通道,防止从棚外进入架体中。

(3)物料提升机在运行时,严禁对设备进行保养、维修,任何人不得攀登架体或从架体内穿过。

(4)运载物料的要求。

①运送散料时,应使用料斗装载,并放置平稳;使用手推斗车装置于吊笼时,必须将手推斗车平稳并制动放置,注意车把手及车不能伸出吊笼。

②运送长料时,物料不得超出吊笼;物料立放时,应捆绑牢固。

③物料装载时,应均匀分布,不得偏重,严禁超载运行。

(5)物料提升机的架体应有附墙或缆风绳,并应牢固可靠,符合说明书和规范的要求。

(6)物料提升机的架体外侧应用小网眼安全网封闭,防止物料在运行时坠落。

(7)禁止在物料提升机架体上进行焊接、切割或者钻孔等作业,防止损伤架体的任何构件。

(8)出料口平台应牢固可靠,并应安装防护栏杆和安全门。运行时安全门应保持关闭。

(9)吊笼上应有安全门,防止物料坠落;并且安全门应与安全停靠装置联锁。安全停靠装置应灵敏可靠。

(10)楼层安全防护门应有电气或机械锁装置,在安全门未可靠关闭时,禁止吊笼运行。

(11)作业人员等待吊笼时,应在建筑物内或者平台内距安全门1m以外处等待。严禁将头、手伸出栏杆或安全门。

(12)进出料口应安装明确的联络信号,高架提升机还应有可视系统。

🐾 5.起重吊装作业安全常识

起重吊装是指建筑工程中,采用相应的机械设备和设施来完成结构吊装和设施安装,属于危险作业,作业环境复杂,技术难度大。

(1)作业前应根据作业特点编制专项施工方案,并对参加作业人员进行方案和安全技术交底。

(2)作业时周边应设置警戒区域,设置醒目的警示标志,防止无关人员进入;特别危险处应设监护人员。

(3)起重吊装作业大多数作业点都必须由专业技术人员作业;属于特种作业的人员必须按国家有关规定经专门安全作业培训,取得特种作业操作资格证书,方可上岗作业。

(4)作业人员应根据现场作业条件选择安全的位置作业。在卷扬机与地滑轮穿越钢丝绳的区域,禁止人员站立和通行。

(5)吊装过程必须设有专人指挥,其他人员必须服从指挥。起重指挥不能兼作其他工种,并应确保起重司机清晰准确地听到指挥信号。

(6)作业过程必须遵守起重机"十不吊"原则。

(7)被吊物的捆绑要求,按塔式起重机被吊物捆绑作业要求。

(8)构件存放场地应该平整坚实。构件叠放用方木垫平,必须稳固,不准超高(一般不宜超过 1.6m)。构件存放除设置垫木外,必要时要设置相应的支撑,提高其稳定性。禁止无关人员在堆放的构件中穿行,防止发生构件倒塌挤人事故。

(9)在露天遇六级以上大风或大雨、大雪、大雾等天气时,应停止起重吊装作业。

(10)起重机作业时,起重臂和吊物下方严禁有人停留、工作或通过。重物吊运时,严禁人从上方通过。严禁用起重机载运人员。

(11)经常使用的起重工具注意事项。

①手动倒链:操作人员应经培训合格后方可上岗作业,吊物时应挂牢后慢慢拉动倒链,不得斜向拽拉。当一人拉不动时,应查明原因,禁止多人一齐猛拉。

②手搬葫芦:操作人员应经培训合格后方可上岗作业,使用前检查自锁夹钳装置的可靠性,当夹紧钢丝绳后,应能往复运动,否则禁止使用。

③千斤顶:操作人员应经培训合格后方可上岗作业,千斤顶置于平整坚实的地面上,并垫木板或钢板,防止地面沉陷。顶部与光滑物接触面应垫硬木,防止滑动。开始操作应逐渐顶升,注意防止顶歪,始终保持重物的平衡。

七、中小型施工机械安全操作常识

1. 基本安全操作要求

施工机械的使用必须按"定人、定机"制度执行。操作人员必须经培训合格,方可上岗作业,其他人员不得擅自使用。机械使用前,必须对机械设备进行检查,各部位确认完好无损,并空载试运行,符合安全技术要求,方可使用。

施工现场机械设备必须按其控制的要求,配备符合规定的控制设备,严禁使用倒顺开关。在使用机械设备时,必须严格按照安全操作规程,严禁违章作业;发现有故障、有异常响动、温度异常升高时,都必须立即停机,经过专业人员维修,并检验合格后,方可重新投入使用。

操作人员应做到"调整、紧固、润滑、清洁、防腐"十字作业的要求,按有关要求对机械设备进行保养。操作人员在作业时,不得擅自离开工作岗位。下班时,应先将机械停止运行,然后断开电源,锁好电箱,方可离开。

2. 混凝土(砂浆)搅拌机安全操作要求

(1)搅拌机的安装一定要平稳、牢固。长期固定使用时,应埋置地脚螺栓;短期使用时,应在机座上铺设木枕或撑架找平,牢固放置。

(2)料斗提升时,严禁在料斗下工作或穿行。清理料斗坑时,必须先切断电源,锁好电箱,并将料斗双保险钩挂牢或插上保险插销。

(3)运转时,严禁将头或手伸入料斗与机架之间查看,不得用工具或物件伸入搅拌筒内。

(4)运转中严禁保养维修。维修保养搅拌机,必须拉闸断电,锁好电箱,挂好"有人工作,严禁合闸"牌,并有专人监护。

3. 混凝土振动器安全操作要求

常用的混凝土振动器有插入式和平板式。

(1)振动器应安装漏电保护装置,保护接零应牢固可靠。作业时操作人员应穿戴绝缘胶鞋和绝缘手套。

(2)使用前,应检查各部位无损伤,并确认连接牢固,旋转方向正确。

(3)电缆线应满足操作所需的长度。严禁用电缆线拖拉或吊挂振动器。振动器不得在初凝的混凝土、地板、脚手架和干硬的地面上进行试振。在检修或作业间断时,应断开电源。

(4)作业时,振动棒软管的弯曲半径不得小于500mm,并不得多于两个弯,操作时应将振动棒垂直地沉入混凝土,不得用力硬插、斜推或让钢筋夹住棒头,也不得全部插入混凝土中,插入深度不应超过棒长的3/4,不宜触及钢筋、芯管及预埋件。

(5)作业停止需移动振动器时,应先关闭电动机,再切断电源。不得用软管拖拉电动机。

(6)平板式振动器工作时,应使平板与混凝土保持接触,待表面出浆,不再下沉后,即可缓慢移动;运转时,不得搁置在已凝或初凝的混凝土上。

(7)移动平板式振动器应使用干燥绝缘的拉绳,不得用脚踢电动机。

4. 钢筋切断机安全操作要求

(1)机械未达到正常转速时,不得切料。切料时,应使用切刀的中、下部位,紧握钢筋对准刃口迅速投入,操作者应站在固定刀片一侧用力压住钢筋,应防止钢筋末端弹出伤人。严禁用两手在刀片两边握住钢筋俯身送料。

(2)不得剪切直径及强度超过机械铭牌规定的钢筋和烧红的钢筋。一次切断多根钢筋时,其总截面积应在规定范围内。

(3)切断短料时,手和切刀之间的距离应保持在150mm以上,如手握端小于400mm时,应采用套管或夹具将钢筋短头压住或夹牢。

（4）运转中严禁用手直接清除切刀附近的断头和杂物。钢筋摆动周围和切刀周围，不得停留非操作人员。

5. 钢筋弯曲机安全操作要求

（1）应按加工钢筋的直径和弯曲半径的要求，装好相应规格的芯轴和成型轴、挡铁轴。芯轴直径应为钢筋直径的 2.5 倍。挡铁轴应有轴套，挡铁轴的直径和强度不得小于被弯钢筋的直径和强度。

（2）作业时，应将钢筋需弯曲一端插入转盘固定销的间隙内，另一端紧靠机身固定销，并用手压紧；应检查机身固定销并确认安放在挡住钢筋的一侧，方可开动。

（3）作业中，严禁更换轴芯、销子和变换角度以及调整，也不得进行清扫和加油。

（4）对超过机械铭牌规定直径的钢筋严禁进行弯曲。不直的钢筋不得在弯曲机上弯曲。

（5）在弯曲钢筋的作业半径内和机身不设固定销的一侧严禁站人。

（6）转盘换向时，应待停稳后进行。

（7）作业后，应及时清除转盘及插入座孔内的铁锈、杂物等。

6. 钢筋调直切断机安全操作要求

（1）应按调直钢筋的直径，选用适当的调直块及传动速度。调直块的孔径应比钢筋直径大 2～5mm，传动速度应根据钢筋直径选用，直径大的宜选用慢速，经调试合格，方可作业。

（2）在调直块未固定、防护罩未盖好前不得送料。作业中严禁打开各部防护罩并调整间隙。

(3)当钢筋送入后,手与轮应保持一定的距离,不得接近。

(4)送料前应将不直的钢筋端头切除。导向筒前应安装一根 1m 长的钢管,钢筋应穿过钢管再送入调直机前端的导孔内。

7. 钢筋冷拉安全操作要求

(1)卷扬机的位置应使操作人员能见到全部的冷拉场地,卷扬机与冷拉中线的距离不得少于 5m。

(2)冷拉场地应在两端地锚外侧设置警戒区,并应安装防护栏及醒目的警示标志。严禁非作业人员在此停留。操作人员在作业时必须离开钢筋 2m 以外。

(3)卷扬机操作人员必须看到指挥人员发出的信号,并待所有的人员离开危险区后方可作业。冷拉应缓慢、均匀。当有停车信号或有人进入危险区时,应立即停拉,并稍稍放松卷扬机钢丝绳。

(4)夜间作业的照明设施,应装设在张拉危险区外。当需要装设在场地上空时,其高度应超过 5m。灯泡应加防护罩。

8. 圆盘锯安全操作要求

(1)锯片必须平整,锯齿尖锐,不得连续缺齿 2 个,裂纹长度不得超过 20mm。

(2)被锯木料厚度,以锯片能露出木料 10～20mm 为限。

(3)启动后,必须等待转速正常后,方可进行锯料。

(4)关料时,不得将木料左右晃动或者高抬,遇木节要慢送料。锯料长度不小于 500mm。接近端头时,应用推棍送料。

(5)若锯线走偏,应逐渐纠正,不得猛扳。

(6)操作人员不应站在锯片同一直线上操作。手臂不得跨越锯片工作。

9. 蛙式夯实机安全操作要求

（1）夯实作业时，应一人扶夯，一人传递电缆线，且必须戴绝缘手套和穿绝缘鞋。电缆线不得扭结或缠绕，且不得张拉过紧，应保持有 3～4m 的余量。移动时，应将电缆线移至夯机后方，不得隔机扔电缆线，当转向困难时，应停机调整。

（2）作业时，手握扶手应保持机身平衡，不得用力向后压，并应随时调整行进方向。转弯时不宜用力过猛，不得急转弯。

（3）夯实填高土方时，应在边缘以内 100～150mm 夯实 2～3 遍后，再夯实边缘。

（4）在较大基坑作业时，不得在斜坡上夯行，应避免造成夯头后折。

（5）夯实房心土时，夯板应避开房心地下构筑物、钢筋混凝土基桩、机座及地下管道等。

（6）在建筑物内部作业时，夯板或偏心块不得打在墙壁上。

（7）多机作业时，机平列间距不得小于 5m，前后间距不得小于 10m。

（8）夯机前进方向和夯机四周 1m 范围内，不得站立非操作人员。

10. 振动冲击夯安全操作要求

（1）内燃冲击夯启动后，内燃机应慢速运转 3～5min，然后逐渐加大油门，待夯机跳动稳定后，方可作业。

（2）电动冲击夯在接通电源启动后，应检查电动机旋转方向，有错误时应倒换相联系线。

（3）作业时应正确掌握夯机，不得倾斜，手把不宜握得过紧，能控制夯机前进速度即可。

（4）正常作业时，不得使劲往下压手把，以免影响夯机跳起高度。在较松的填料上作业或上坡时，可将手把稍向下压，增加夯机前进速度。

（5）电动冲击夯操作人员必须戴绝缘手套，穿绝缘鞋。作业时，电缆线不应拉得过紧，应经常检查线头安装，不得松动及引起漏电。严禁冒雨作业。

11. 潜水泵安全操作要求

（1）潜水泵宜先装在坚固的篮筐里再放入水中，亦可在水中将泵的四周设立坚固的防护围网。泵应直立于水中，水深不得小于 0.5m，不得在含有泥沙的水中使用。

（2）潜水泵放入水中或提出水面时，应先切断电源，严禁拉拽电缆或出水管。

（3）潜水泵应装设保护接零和漏电保护装置，工作时泵周围 30m 以内水面，不得有人、畜进入。

（4）应经常观察水位变化，叶轮中心至水平距离应在 0.5～3.0m 之间，泵体不得陷入污泥或露出水面。电缆不得与井壁、池壁相擦。

（5）每周应测定一次电动机定子绕组的绝缘电阻，其值应无下降。

12. 交流电焊机安全操作要求

（1）外壳必须有保护接零，应有二次空载降压保护器和触电保护器。

（2）电源应使用自动开关，接线板应无损坏，有防护罩。一次线长度不超过 5m，二次线长度不得超过 30m。

（3）焊接现场 10m 范围内，不得有易燃、易爆物品。

(4)雨天不得室外作业。在潮湿地点焊接时,要站在胶板或其他绝缘材料上。

(5)移动电焊机时,应切断电源,不得用拖拉电缆的方法移动。当焊接中突然停电时,应立即切断电源。

13. 气焊设备安全操作要求

(1)氧气瓶与乙炔瓶使用时的间距不得小于 5m,存放时的间距不得小于 3m,并且距高温、明火等不得小于 10m;达不到上述要求时,应采取隔离措施。

(2)乙炔瓶存放和使用必须立放,严禁倒放。

(3)在移动气瓶时,应使用专门的抬架或小推车;严禁氧气瓶与乙炔瓶混合搬运;禁止直接使用钢丝绳、链条捆绑搬运。

(4)开关气瓶应使用专用工具。

(5)严禁敲击、碰撞气瓶,作业人员工作时不得吸烟。

第4部分　相关法律法规及务工常识

一、相关法律法规(摘录)

1. 中华人民共和国建筑法(摘录)

第三十六条　建筑工程安全生产管理必须坚持安全第一、预防为主的方针,建立健全安全生产的责任制度和群防群治制度。

第四十四条　建筑施工企业必须依法加强对建筑安全生产的管理,执行安全生产责任制度,采取有效措施,防止伤亡和其他安全生产事故的发生。

建筑施工企业的法定代表人对本企业的安全生产负责。

第四十六条　建筑施工企业应当建立健全劳动安全生产教育培训制度,加强对职工安全生产的教育培训;未经安全生产教育培训的人员,不得上岗作业。

第四十七条　建筑施工企业和作业人员在施工过程中,应当遵守有关安全生产的法律、法规和建筑行业安全规章、规程,不得违章指挥或者违章作业。作业人员有权对影响人身健康的作业程序和作业条件提出改进意见,有权获得安全生产所需的防护用品。作业人员对危及生命安全和人身健康的行为有权提出批评、检举和控告。

第四十八条　建筑施工企业应当依法为职工参加工伤保险,缴纳工伤保险费,鼓励企业为从事危险作业的职工办理意外伤害保险,支付保险费。

　　第五十一条　施工中发生事故时,建筑施工企业应当采取紧急措施减少人员伤亡和事故损失,并按照国家有关规定及时向有关部门报告。

2.中华人民共和国劳动法(摘录)

　　第三条　劳动者享有平等就业和选择职业的权利、取得劳动报酬的权利、休息休假的权利、获得劳动安全卫生保护的权利、接受职业技能培训的权利、享受社会保险和福利的权利、提请劳动争议处理的权利以及法律规定的其他劳动权利。劳动者应当完成劳动任务,提高职业技能,执行劳动安全卫生规程,遵守劳动纪律和职业道德。

　　第十五条　禁止用人单位招用未满十六周岁的未成年人。

　　第十六条　劳动合同是劳动者与用人单位确立劳动关系、明确双方权利和义务的协议。

　　建立劳动关系应当订立劳动合同。

　　第五十四条　用人单位必须为劳动者提供符合国家规定的劳动安全卫生条件和必要的劳动防护用品,对从事有职业危害作业的劳动者应当定期进行健康检查。

　　第五十五条　从事特种作业的劳动者必须经过专门培训并取得特种作业资格。

　　第五十六条　劳动者在劳动过程中必须严格遵守安全操作规程。劳动者对用人单位管理人员违章指挥、强令冒险作业,有权拒绝执行;对危害生命安全和身体健康的行为,有权提出批评、检举和控告。

　　第五十八条　国家对女职工和未成年工实行特殊劳动保护。

未成年工是指年满十六周岁、未满十八周岁的劳动者。

第六十八条　用人单位应当建立职业培训制度,按照国家规定提取和使用职业培训经费,根据本单位实际,有计划地对劳动者进行职业培训。从事技术工种的劳动者,上岗前必须经过培训。

第七十二条　用人单位和劳动者必须依法参加社会保险,缴纳社会保险费。

第七十七条　用人单位与劳动者发生劳动争议,当事人可以依法申请调解、仲裁、提起诉讼,也可协商解决。调解原则适用于仲裁和诉讼程序。

3. 中华人民共和国安全生产法(摘录)

第六条　生产经营单位的从业人员有依法获得安全生产保障的权利,并应当依法履行安全生产方面的义务。

第十七条　生产经营单位应当具备本法和有关法律、行政法规和国家标准或者行业标准规定的安全生产条件;不具备安全生产条件的,不得从事生产经营活动。

第十八条　生产经营单位的主要负责人对本单位安全生产工作负有下列职责:

(一)建立、健全本单位安全生产责任制;

(二)组织制定本单位安全生产规章制度和操作规程;

(三)组织制定并实施本单位安全生产教育和培训计划;

(四)保证本单位安全生产投入的有效实施;

(五)督促、检查本单位的安全生产工作,及时消除生产安全事故隐患;

(六)组织制定并实施本单位的生产安全事故应急救援预案;

（七）及时、如实报告生产安全事故。

第二十五条　生产经营单位应当对从业人员进行安全生产教育和培训，保证从业人员具备必要的安全生产知识，熟悉有关的安全生产规章制度和安全操作规程，掌握本岗位的安全操作技能，了解事故应急处理措施，知悉自身在安全生产方面的权利和义务。未经安全生产教育和培训合格的从业人员，不得上岗作业。

第二十七条　生产经营单位的特种作业人员必须按照国家有关规定经专门的安全作业培训，取得相应资格，方可上岗作业。

特种作业人员的范围由国务院安全生产监督管理部门会同国务院有关部门确定。

第四十一条　生产经营单位应当教育和督促从业人员严格执行本单位的安全生产规章制度和安全操作规程；并向从业人员如实告知作业场所和工作岗位存在的危险因素、防范措施以及事故应急措施。

第四十二条　生产经营单位必须为从业人员提供符合国家标准或者行业标准的劳动防护用品，并监督、教育从业人员按照使用规则佩戴、使用。

第四十四条　生产经营单位应当安排用于配备劳动防护用品、进行安全生产培训的经费。

第四十八条　生产经营单位必须依法参加工伤保险，为从业人员缴纳保险费。

国家鼓励生产经营单位投保安全生产责任保险。

第四十九条　生产经营单位与从业人员订立的劳动合同，应当载明有关保障从业人员劳动安全、防止职业危害的事项，以及依法为从业人员办理工伤保险的事项。

生产经营单位不得以任何形式与从业人员订立协议,免除或者减轻其对从业人员因生产安全事故伤亡依法应承担的责任。

第五十条 生产经营单位的从业人员有权了解其作业场所和工作岗位存在的危险因素、防范措施及事故应急措施,有权对本单位的安全生产工作提出建议。

第五十一条 从业人员有权对本单位安全生产工作中存在的问题提出批评、检举、控告,有权拒绝违章指挥和强令冒险作业。

生产经营单位不得因从业人员对本单位安全生产工作提出批评、检举、控告或者拒绝违章指挥、强令冒险作业而降低其工资、福利等待遇,或者解除与其订立的劳动合同。

第五十二条 从业人员发现直接危及人身安全的紧急情况时,有权停止作业或者在采取可能的应急措施后撤离作业场所。

生产经营单位不得因从业人员在前款紧急情况下停止作业或者采取紧急撤离措施而降低其工资、福利等待遇或者解除与其订立的劳动合同。

第五十三条 因生产安全事故受到损害的从业人员,除依法享有工伤保险外,依照有关民事法律尚有获得赔偿的权利的,有权向本单位提出赔偿要求。

第五十四条 从业人员在作业过程中,应当严格遵守本单位的安全生产规章制度和操作规程,服从管理,正确佩戴和使用劳动防护用品。

第五十五条 从业人员应当接受安全生产教育和培训,掌握本职工作所需的安全生产知识,提高安全生产技能,增强事故预防和应急处理能力。

第五十六条 从业人员发现事故隐患或者其他不安全因

素,应当立即向现场安全生产管理人员或者本单位负责人报告;接到报告的人员应当及时予以处理。

4. 建设工程安全生产管理条例(摘录)

第十八条 施工起重机械和整体提升脚手架、模板等自升式架设设施的使用达到国家规定的检验、检测期限的,必须经具有专业资质的检验、检测机构检测。经检测不合格的,不得继续使用。

第二十五条 垂直运输机械作业人员、安装拆卸工、爆破作业人员、起重信号工、登高架设作业人员等特种作业人员,必须按照国家有关规定经过专门的安全作业培训,并取得特种作业操作资格证书后,方可上岗作业。

第二十七条 建设工程施工前,施工单位负责项目管理的技术人员应当对有关安全施工的技术要求向施工作业班组、作业人员做出详细说明,并由双方签字确认。

第二十八条 施工单位应当在施工现场入口处、施工起重机械、临时用电设施、脚手架、出入通道口、楼梯口、电梯井口、孔洞口、桥梁口、隧道口、基坑边沿、爆破物及有害危险气体和液体存放处等危险部位,设置明显的安全警示标志。安全标志必须符合国家标准。

第二十九条 施工单位应当将施工现场的办公、生活区与作业区分开设置,并保持安全距离;办公、生活区的选择应当符合安全性要求。职工的膳食、饮水、休息场所等应当符合卫生标准。施工单位不得在尚未竣工的建筑物内设置员工集体宿舍。

施工现场临时搭建的建筑物应当符合安全使用要求。施工现场使用的装配式活动房屋应当具有产品合格证。

第三十二条 施工单位应当向作业人员提供安全防护用具

和安全防护服装,并书面告知危险岗位的操作规程和违章操作的危害。

作业人员有权对施工现场的作业条件、作业程序和作业方式中存在的安全问题提出批评、检举和控告,有权拒绝违章指挥和强令冒险作业。

在施工中发生危及人身安全的紧急情况时,作业人员有权立即停止作业或者在采取必要的应急措施后撤离危险区域。

第三十三条　作业人员应当遵守安全施工的强制性标准、规章制度和操作规程,正确使用安全防护用具、机械设备等。

第三十六条　施工单位应当对管理人员和作业人员每年至少进行一次安全生产教育培训,其教育培训情况记入个人工作档案。安全生产教育培训考核不合格的人员,不得上岗。

第三十七条　作业人员进入新的岗位或者新的施工现场前,应当接受安全生产教育培训。未经教育培训或者教育培训考核不合格的人员,不得上岗作业。

施工单位在采用新技术、新工艺、新设备、新材料时,应当对作业人员进行相应的安全生产教育培训。

第三十八条　施工单位应当为施工现场从事危险作业的人员办理意外伤害保险。

意外伤害保险费由施工单位支付。

5. 工伤保险条例(摘录)

第二条　中华人民共和国境内的企业、事业单位、社会团体、民办非企业单位、基金会、律师事务所、会计师事务所等组织和有雇工的个体工商户(以下称用人单位)应当依照本条例规定参加工伤保险,为本单位全部职工或者雇工(以下称职工)缴纳工伤保险费。

中华人民共和国境内的企业、事业单位、社会团体、民办非企业单位、基金会、律师事务所、会计师事务所等组织的职工和个体工商户的雇工,均有依照本条例的规定享受工伤保险待遇的权利。

第十条　用人单位应当按时缴纳工伤保险费。职工个人不缴纳工伤保险费。

第二十一条　职工发生工伤,经治疗伤情相对稳定后存在残疾、影响劳动能力的,应当进行劳动能力鉴定。

第三十条　职工因工作遭受事故伤害或者患职业病进行治疗,享受工伤医疗待遇……

二、务工就业及社会保险

1. 劳动合同

(1)用人单位应当依法与劳动者签订劳动合同。

劳动合同是劳动者与用人单位确立劳动关系、明确双方权利和义务的协议。建立劳动关系应当订立劳动合同。订立和变更劳动合同,应遵循平等自愿、协商一致的原则,不得违反法律、行政法规的规定。劳动合同应当具备以下必备条款:

①劳动合同期限。即劳动合同的有效时间。

②工作内容。即劳动者在劳动合同有效期内所从事的工作岗位(工种),以及工作应达到的数量、质量指标或者应当完成的任务。

③劳动保护和劳动条件。即为了保障劳动者在劳动过程中的安全、卫生及其他劳动条件,用人单位根据国家有关法律、法规而采取的各项保护措施。

④劳动报酬。即在劳动者提供了正常劳动的情况下,用人

单位应当支付的工资。

⑤劳动纪律。即劳动者在劳动过程中必须遵守的工作秩序和规则。

⑥劳动合同终止的条件。即除了期限以外其他由当事人约定的特定法律事实，这些事实一出现，双方当事人之间的权利义务关系终止。

⑦违反劳动合同的责任。即当事人不履行劳动合同或者不完全履行劳动合同，所应承担的相应法律责任。

（2）试用期应包括在劳动合同期限之中。

根据《中华人民共和国劳动法》（以下简称《劳动法》）规定，用人单位与劳动者签订的劳动合同期限可以分为三类：

①有固定期限，即在合同中明确约定效力期间，期限可长可短，长到几年、十几年，短到一年或者几个月。

②无固定期限，即劳动合同中只约定了起始日期，没有约定具体终止日期。无固定期限劳动合同可以依法约定终止劳动合同条件，在履行中只要不出现约定的终止条件或法律规定的解除条件，一般不能解除或终止，劳动关系可以一直存续到劳动者退休为止。

③以完成一定的工作为期限，即以完成某项工作或者某项工程为有效期限，该项工作或者工程一经完成，劳动合同即终止。

签订劳动合同可以不约定试用期，也可以约定试用期，但试用期最长不得超过6个月。劳动合同期限在6个月以下的，试用期不得超过15日；劳动合同期限在6个月以上1年以下的，试用期不得超过30日；劳动合同期限在1年以上2年以下的，试用期不得超过60日。试用期包括在劳动合同期限中。非全日制劳动合同，不得约定试用期。

（3）订立劳动合同时，用人单位不得向劳动者收取定金、保证金或扣留居民身份证。

根据劳动保障部《劳动力市场管理规定》，禁止用人单位招用人员时向求职者收取招聘费用、向被录用人员收取保证金或抵押金、扣押被录用人员的身份证等证件。用人单位违反规定的，由劳动保障行政部门责令改正，并可处以 1000 元以下罚款；对当事人造成损害的，应承担赔偿责任。

（4）劳动者不必履行无效的劳动合同。

①无效的劳动合同是指不具有法律效力的劳动合同。根据《劳动法》的规定，下列劳动合同无效：

a. 违反法律、行政法规的劳动合同。

b. 采取欺诈、威胁等手段订立的劳动合同。劳动合同的无效，由劳动争议仲裁委员会或者人民法院确认。无效的劳动合同，从订立的时候起，就没有法律约束力。也就是说，劳动者自始至终都无须履行无效劳动合同。确认劳动合同部分无效的，如果不影响其余部分的效力，其余部分仍然有效。

②由于用人单位的原因订立的无效合同，对劳动者造成损害的，应当承担赔偿责任。具体包括：

a. 造成劳动者工资收入损失的，按劳动者本人应得工资收入支付给劳动者，并加付应得工资收入 25% 的赔偿费用。

b. 造成劳动者劳动保护待遇损失的，应按国家规定补足劳动者的劳动保护津贴和用品。

c. 造成劳动者工伤、医疗待遇损失的，除按国家规定为劳动者提供工伤、医疗待遇外，还应支付劳动者相当于医疗费用 25% 的赔偿费用。

d. 造成女职工和未成年工身体健康损害的，除按国家规定提供治疗期间的医疗待遇外，还应支付相当于其医疗费用 25%

的赔偿费用。

　　e. 劳动合同约定的其他赔偿费用。

　　(5)用人单位不得随意变更劳动合同。

　　劳动合同的变更,是指劳动关系双方当事人就已订立的劳动合同的部分条款达成修改、补充或者废止协定的法律行为。《劳动法》规定,变更劳动合同,应当遵循平等自愿、协商一致的原则,不得违反法律、行政法规的规定。经双方协商同意依法变更后的劳动合同继续有效,对双方当事人都有约束力。

　　(6)解除劳动合同应当符合《劳动法》的规定。

　　劳动合同的解除,是指劳动合同有效成立后至终止前这段时期内,当具备法律规定的劳动合同解除条件时,因用人单位或劳动者一方或双方提出,而提前解除双方的劳动关系。根据《劳动法》的规定,劳动者可以和用人单位协商解除劳动合同,也可以在符合法律规定的情况下单方解除劳动合同。

　　①劳动者单方解除。

　　a.《劳动法》第三十一条规定:劳动者解除劳动合同,应当提前三十日以书面形式通知用人单位。这是劳动者解除劳动合同的条件和程序。劳动者提前三十日以书面形式通知用人单位解除劳动合同,无须征得用人单位的同意,用人单位应及时办理有关解除劳动合同的手续。但由于劳动者违反劳动合同的有关约定而给用人单位造成经济损失的,应依据有关规定和劳动合同的约定,由劳动者承担赔偿责任。

　　b.《劳动法》第三十二条规定:有下列情形之一的,劳动者可以随时通知用人单位解除劳动合同:

　　(a)在试用期内的;

　　(b)用人单位以暴力、威胁或者非法限制人身自由的手段强迫劳动的;

(c)用人单位未按照劳动合同约定支付劳动报酬或者提供劳动条件的。

②用人单位单方解除。

a.《劳动法》第二十五条规定,劳动者有下列情形之一的,用人单位可以解除劳动合同:

(a)在试用期间被证明不符合录用条件的;

(b)严重违反劳动纪律或者用人单位规章制度的;

(c)严重失职、营私舞弊,对用人单位利益造成重大损害的;

(d)被依法追究刑事责任的。

b.《劳动法》第二十六条规定:有下列情形之一的,用人单位可以解除劳动合同,但是应当提前三十日以书面形式通知劳动者本人:

(a)劳动者患病或者非因工负伤,医疗期满后,既不能从事原工作也不能从事由用人单位另行安排的工作的;

(b)劳动者不能胜任工作,经过培训或者调整工作岗位,仍不能胜任工作的;

(c)劳动合同订立时所依据的客观情况发生重大变化,致使原劳动合同无法履行,经当事人协商不能就变更劳动合同达成协议的。

c.《劳动法》第二十七条规定:用人单位濒临破产进行法定整顿期间或者生产经营状况发生严重困难,确需裁减人员的,应当提前三十日向工会或者全体职工说明情况,听取工会或者职工的意见,经向劳动保障行政部门报告后,可以裁减人员。并且规定,用人单位自裁减人员之日起六个月内录用人员的,应当优先录用被裁减的人员。

(7)用人单位解除劳动合同应当依法向劳动者支付经济补偿金。

根据《劳动法》规定,在下列情况下,用人单位解除与劳动者的劳动合同,应当根据劳动者在本单位的工作年限,每满一年发给相当于一个月工资的经济补偿金:

①经劳动合同当事人协商一致,由用人单位解除劳动合同的。

②劳动者不能胜任工作,经过培训或者调整工作岗位仍不能胜任工作,由用人单位解除劳动合同的。

以上两种情况下支付经济补偿金,最多不超过 12 个月。

③劳动合同订立时所依据的客观情况发生了重大变化,致使原劳动合同无法履行,经当事人协商不能就变更劳动合同达成协议,由用人单位解除劳动合同的。

④用人单位濒临破产进行法定整顿期间或者生产经营状况发生严重困难,必须裁减人员,由用人单位解除劳动合同的。

⑤劳动者患病或者非因工负伤,经劳动鉴定委员会确认不能从事原工作,也不能从事用人单位另行安排的工作而解除劳动合同的;在这类情况下,同时应发给不低于 6 个月工资的医疗补助费。劳动者患重病或者绝症的还应增加医疗补助费,患重病的增加部分不低于医疗补助费的 50%,患绝症的增加部分不低于医疗补助费的 100%。

另外,用人单位解除劳动者劳动合同后,未按以上规定给予劳动者经济补偿的,除必须全额发给经济补偿金外,还须按欠发经济补偿金数额的 50%支付额外经济补偿金。

经济补偿金应当一次性发给。劳动者在本单位工作时间不满一年的按一年的标准计算。计算经济补偿金的工资标准是企业正常生产情况下,劳动者解除合同前 12 个月的月平均工资;在以上第③、④、⑤类情况下,给予经济补偿金的劳动者月平均工资低于企业月平均工资的,应按企业月平均工资支付。

(8)用人单位不得随意解除劳动合同。

《劳动法》及《违反〈劳动法〉有关劳动合同规定的赔偿办法》(劳部发〔1995〕223号)规定,用人单位不得随意解除劳动合同。用人单位违法解除劳动合同的,由劳动保障行政部门责令改正;对劳动者造成损害的,应当承担赔偿责任。具体赔偿标准是:

①造成劳动者工资收入损失的,按劳动者本人应得工资收入支付劳动者,并加付应得工资收入25％的赔偿费用。

②造成劳动者劳动保护待遇损失的,应按国家规定补足劳动者的劳动保护津贴和用品。

③造成劳动者工伤、医疗待遇损失的,除按国家规定为劳动者提供工伤、医疗待遇外,还应支付劳动者相当于医疗费用25％的赔偿费用。

④造成女职工和未成年工身体健康损害的,除按国家规定提供治疗期间的医疗待遇外,还应支付相当于其医疗费用25％的赔偿费用。

⑤劳动合同约定的其他赔偿费用。

2. 工资

(1)用人单位应该按时足额支付工资。

《劳动法》中的"工资"是指用人单位依据国家有关规定或劳动合同的约定,以货币形式直接支付给本单位劳动者的劳动报酬,一般包括计时工资、计件工资、奖金、津贴和补贴、延长工作时间的工资报酬以及特殊情况下支付的工资等。

(2)用人单位不得克扣劳动者工资。

《劳动法》以及《违反〈中华人民共和国劳动法〉行政处罚办法》等规定,用人单位不得克扣劳动者工资。用人单位克扣劳动者工资的,由劳动保障行政部门责令支付劳动者的工资报酬,并加发相当于工资报酬 25％的经济补偿金。并可责令用人单位按相当于支付劳动者工资报酬、经济补偿总和的一至五倍支付劳动者赔偿金。

"克扣工资"是指用人单位无正当理由扣减劳动者应得工资（即在劳动者已提供正常劳动的前提下，用人单位按劳动合同规定的标准应当支付给劳动者的全部劳动报酬）。

（3）用人单位不得无故拖欠劳动者工资。

《劳动法》以及《违反〈中华人民共和国劳动法〉行政处罚办法》等规定，用人单位无故拖欠劳动者工资的，由劳动保障行政部门责令支付劳动者的工资报酬，并加发相当于工资报酬 25％的经济补偿金。并可责令用人单位按相当于支付劳动者工资报酬、经济补偿总和的一至五倍支付劳动者赔偿金。

"无故拖欠工资"是指用人单位无正当理由超过规定付薪时间未支付劳动者工资。

（4）农民工工资标准。

①在劳动者提供正常劳动的情况下，用人单位支付的工资不得低于当地最低工资标准。

根据《劳动法》、劳动保障部《最低工资规定》等规定，在劳动者提供正常劳动的情况下，用人单位应支付给劳动者的工资在剔除下列各项以后，不得低于当地最低工资标准：

a. 延长工作时间工资。

b. 中班、夜班、高温、低温、井下、有毒有害等特殊工作环境条件下的津贴。

c. 法律、法规和国家规定的劳动者福利待遇等。

实行计件工资或提成工资等工资形式的用人单位，在科学合理的劳动定额基础上，其支付劳动者的工资不得低于相应的最低工资标准。

　　用人单位违反以上规定的,由劳动保障行政部门责令其限期补发所欠劳动者工资,并可责令其按所欠工资的一至五倍支付劳动者赔偿金。

　　②在非全日制劳动者提供正常劳动的情况下,用人单位支付的小时工资不得低于当地小时工资最低标准。

　　劳动保障部《最低工资规定》《关于非全日制用工若干问题的意见》规定,非全日制用工是指以小时计酬、劳动者在同一用人单位平均每日工作时间不超过 5h、累计每周工作时间不超过 30h 的用工形式。用人单位应当按时足额支付非全日制劳动者的工资,具体可以按小时、日、周或月为单位结算。在非全日制劳动者提供正常劳动的情况下,用人单位支付的小时工资不得低于当地小时工资最低标准。非全日制用工的小时工资最低标准由省、自治区、直辖市规定。

　　③用人单位安排劳动者加班加点应依法支付加班加点工资。

　　《劳动法》以及《违反〈中华人民共和国劳动法〉行政处罚办法》等规定,用人单位安排劳动者加班加点应依法支付加班加点工资。用人单位拒不支付加班加点工资的,由劳动保障行政部门责令支付劳动者的工资报酬,并加发相当于工资报酬 25% 的经济补偿金。并可责令用人单位按相当于支付劳动者工资报酬、经济补偿总和的一至五倍支付劳动者赔偿金。

　　劳动者日工资可统一按劳动者本人的月工资标准除以每月制度工作天数进行折算。职工全年月平均工作天数和工作时间分别为 20.92 天和 167.4h,职工的日工资和小时工资按此进行折算。

3. 社会保险

　　(1)农民工有权参加基本医疗保险。

　　根据国家有关规定,各地要逐步将与用人单位形成劳动关系的农村进城务工人员纳入医疗保险范围。根据农村进城务工人员的特点和医疗需求,合理确定缴费率和保障方式,解决他们在务工期间的大病医疗保障问题,用人单位要按规定为其缴纳医疗保险费。对在城镇从事个体经营等灵活就业的农村进城务工人员,可以按照灵活就业人员参保的有关规定参加医疗保险。据此,在已经将农民工纳入医疗保险范围的地区,农民工有权参加医疗保险,用人单位和农民工本人应依法缴纳医疗保险费,农民工患病时,可以按照规定享受有关医疗保险待遇。

(2)农民工有权参加基本养老保险。

按照国务院《社会保险费征缴暂行条例》等有关规定,基本养老保险覆盖范围内的用人单位的所有职工,包括农民工,都应该参加养老保险,履行缴费义务。参加养老保险的农民合同制职工,在与企业终止或解除劳动关系后,由社会保险经办机构保留其养老保险关系,保管其个人账户并计息。凡重新就业的,应接续或转移养老保险关系;也可按照省级政府的规定,根据农民合同制职工本人申请,将其个人账户个人缴费部分一次性支付给本人,同时终止养老保险关系。农民合同制职工在男年满60周岁、女年满55周岁时,累计缴费年限满15年以上的,可按规定领取基本养老金;累计缴费年限不满15年的,其个人账户全部储存额一次性支付给本人。

(3)农民工有权参加失业保险。

根据《失业保险条例》规定,城镇企业事业单位招用的农民合同制工人应该参加失业保险,用人单位按规定为农民工缴纳社会保险费,农民合同制工人本人不缴纳失业保险费。单位招用的农民合同制工人连续工作满1年,本单位并已缴纳失业保险费,劳动合同期满未续订或者提前解除劳动合同的,由社会保险经办机构根据其工作时间长短,对其支付一次性生活补助。

补助的办法和标准由省、自治区、直辖市人民政府规定。

（4）用人单位应依法为农民工参加生育保险。

目前我国的生育保险制度还没有普遍建立，各地工作进展不平衡。从各地制定的规定看，有的地区没有将农民工纳入生育保险覆盖范围，有的地区则将农民工纳入了生育保险覆盖范围。如果农民工所在地区将农民工纳入了生育保险覆盖范围，农民工所在单位应按规定为农民工参加生育保险并缴纳生育保险费，符合规定条件的生育农民工依法享受生育保险待遇。

（5）劳动争议与调解处理。

劳动争议，也称劳动纠纷，就是指劳动关系当事人双方（用人单位和劳动者）之间因执行劳动法律、法规或者履行劳动合同以及其他劳动问题而发生劳动权利与义务方面的纠纷。

①劳动争议的范围。劳动争议的内容，是指劳动合同关系中当事人的权利与义务。所以，用人单位与劳动者之间发生的争议不都是劳动争议。只有在争议涉及劳动关系双方当事人在劳动关系中的权利和义务时，它才是劳动争议。劳动争议包括：因开除、除名、辞退职工和职工辞职、自动离职发生的争议；因执行国家有关工资、保险、福利、培训、劳动保护的规定发生的争议；因履行劳动合同发生的争议等。

②劳动争议处理机构。我国的劳动争议处理机构主要有：企业劳动争议调解委员会、各级政府劳动争议仲裁委员会和人民法院。根据《劳动法》等的规定：在用人单位内可以设劳动争议调解委员会，负责调解本单位的劳动争议；在县、市、市辖区应当设立劳动争议仲裁委员会；各级人民法院的民事审判庭负责劳动争议案件的审理工作。

③劳动争议的解决方法。根据我国有关法律、法规的规定，解决劳动争议的方法如下：

a. 协商。劳动争议发生后，双方当事人应当先进行协商，以达成解决方案。

b. 调解。就是企业调解委员会对本单位发生的劳动争议进行调解。从法律、法规的规定看，这并不是必经的程序。但它对于劳动争议的解决却起到很大作用。

c. 仲裁。劳动争议调解不成的，当事人可以向劳动争议仲裁委员会申请仲裁。当事人也可以直接向劳动争议仲裁委员会申请仲裁。当事人从知道或应当知道其权利被侵害之日起 60 日内，以书面形式向仲裁委员会申请仲裁。仲裁委员会应当自收到申请书之日起 7 日内做出受理或不予受理的决定。

d. 诉讼。当事人对仲裁裁决不服的，可以自收到仲裁裁决之日起 15 日内向人民法院起诉。人民法院民事审判庭受理和审理劳动争议案件。

④维护自身权益要注意法定时限。劳动者通过法律途径维护自身权益，一定要注意不能超过法律规定的时限。劳动者通过劳动争议仲裁、行政复议等法律途径维护自身合法权益，或者申请工伤认定、职业病诊断与鉴定等，一定要注意在法定的时限内提出申请。如果超过了法定时限，有关申请可能不会被受理，致使自身权益难以得到保护。主要的时限包括：

a. 申请劳动争议仲裁的，应当在劳动争议发生之日（即当事人知道或应当知道其权利被侵害之日）起 60 日内向劳动争议仲裁委员会申请仲裁。

b. 对劳动争议仲裁裁决不服、提起诉讼的，应当自收到仲裁裁决书之日起 15 日内，向人民法院提起诉讼。

c. 申请行政复议的，应当自知道该具体行政行为之日起 60 日内提出行政复议申请。

d. 对行政复议决定不服、提起行政诉讼的，应当自收到行政复议决定书之日起 15 日内,向人民法院提起行政诉讼。

　　e. 直接向人民法院提起行政诉讼的,应当在知道做出具体行政行为之日起 3 个月内提出,法律另有规定的除外。因不可抗力或者其他特殊情况耽误法定期限的,在障碍消除后的 10 日内,可以申请延长期限,由人民法院决定。

　　f. 申请工伤认定的,所在单位应当自事故伤害发生之日或者被诊断、鉴定为职业病之日起 30 日内,向统筹地区劳动保障行政部门提出工伤认定申请。遇有特殊情况,经报劳动保障行政部门同意,申请时限可以适当延长。用人单位未按前款规定提出工伤认定申请的,工伤职工或者其直系亲属、工会组织在事故伤害发生之日或者被诊断、鉴定为职业病之日起 1 年内,可以直接向用人单位所在地统筹地区劳动保障行政部门提出工伤认定申请。

三、工人健康卫生知识

1. 常见疾病的预防和治疗

　　(1)流行性感冒。

　　①流行性感冒的传播方式。流行性感冒简称流感,是由流感病毒引起的一种急性呼吸道传染病。流感的传染源主要是患者,病后 1～7 天均有传染性。流感主要通过呼吸道传播,传染性很强,常引起流行。一般常突然发生,迅速蔓延,患者数多。

　　提示:发生流行性感冒时应注意与病人保持一定距离,以免被传染。

　　②流行性感冒的症状。流感的症状与感冒类似,主要是发热及上呼吸道感染症状,如咽痛、鼻塞、流鼻涕、打喷嚏、咳嗽等。流感的全身症状重,而局部症状很轻。

③流行性感冒的预防。

a. 最主要的是注射流感疫苗,疫苗应于流感流行前 1~2 个月注射。因流感冬季易发,故常于每年 10 月左右进行注射。

b. 应当尽量避免接触病人,流行期间不到人多的地方去。

c. 增强身体抵抗力最重要,生活规律、适当锻炼、合理营养、精神愉快非常关键。

d. 避免过累、精神紧张、着凉、酗酒等。

(2)细菌性痢疾。

①细菌性痢疾的传播方式。细菌性痢疾(简称菌痢),是夏秋季节最常见的急性肠道传染病,由痢疾杆菌引起,以结肠化脓性炎症为主要病变。菌痢主要通过粪-口途径传播,即患者大便中的痢疾杆菌可以污染手、食物、水、蔬菜、水果等而进入口中引起感染。细菌性痢疾终年均有发生,但多流行于夏秋季节。人群对此病普遍易感,幼儿及青壮年发病率较高。

②细菌性痢疾的症状。细菌性痢疾病情可轻可重,轻者仅有轻度腹泻,重者可有发热、全身不适、乏力、恶心、呕吐、腹痛、腹泻。腹泻次数由一日数次至十数次不等,患者常有老想解大便可总也解不干净的感觉(里急后重),患者大便中常有黏液,重者有脓血。

③细菌性痢疾的预防。

a. 做好痢疾患者的粪便、呕吐物的消毒处理,管理好水源,防止病菌污染水源、土壤及农作物;患者使用过的厕所、餐具等也应消毒。

b. 不喝生水,不生吃水产品,蔬菜要洗净、炒熟再吃,水果应洗净削皮后食用。

c. 养成饭前、便后洗手的习惯,不吃被苍蝇、蟑螂叮咬过或爬过的食物,积极做好灭苍蝇、灭蟑螂工作。

d. 加强体育锻炼,增强体质。

重点:注意个人卫生,养成饭前、便后洗手的习惯。

(3)食物中毒。

①细菌性食物中毒的传播方式。细菌性食物中毒是由于进食被细菌或细菌毒素污染的食物而引起的急性感染中毒性疾病。细菌性食物中毒是典型的肠道传染病,发生原因主要有以下几个方面:

a. 食物在宰杀或收割、运输、储存、销售等过程中受到病菌的污染。

b. 被致病菌污染的食物在较高的温度下存放,食品中充足的水分、适宜的酸碱度及营养条件使致病菌大量繁殖或产生毒素。

c. 食品在食用前未烧透或熟食受到生食交叉污染。

d. 在缺氧环境中(如罐头等)肉毒杆菌产生毒素。

②细菌性食物中毒的症状。胃肠型细菌性食物中毒是食物中毒中最常见的一种,是由于食用了被细菌或细菌毒素污染的食物所引起的。绝大多数患者表现为胃肠炎的症状,如恶心、呕吐、腹痛、腹泻、排水样便等。腹泻一天数次到数十次不等,多数是稀水样便,个别人可有黏液血便、血水样便等,极少数患者可以发生败血症。

③细菌性食物中毒的预防。

a. 防止食品污染。加强对污染源的管理,做好牲畜屠宰前后的卫生检验,防止感染;对海鲜类食品应加强管理,防止污染其他食品;要严防食品加工、贮存、运输、销售过程中被病原体污染;食品容器、刀具等应严格生熟分开使用,做好消毒工作,防止交叉污染;生产场所、厨房、食堂等要有防蝇、防鼠设备;严格遵守饮食行业和炊事人员的个人卫生制度;患化脓性病症和上呼吸道感染的患者,在治愈前不应参加接触食品的工作。

b.控制病原体繁殖及外毒素的形成。食品应低温保存或放在阴凉通风处,食品中加盐量达10%也可有效控制细菌繁殖及毒素形成。

c.彻底加热杀灭细菌及破坏毒素。这是防止食物中毒的重要措施,要彻底杀灭肉中的病原体,肉块不应太大,加热时其内部温度可以达到80℃,这样持续12min就可将细菌杀死。

d.凡是食品在加工和保存过程中有厌氧环境存在,均应防止肉毒杆菌的污染,过期罐头——特别是产气罐头(其盖鼓起)均勿食用。

(4)病毒性肝炎。

①病毒性肝炎的类型。病毒性肝炎是由多种肝炎病毒引起的,以肝脏损害为主的一组全身性传染病。按病原体分类,目前已确定的有甲型肝炎、乙型肝炎、丙型肝炎、丁型肝炎、戊型肝炎。通过实验诊断排除上述类型的肝炎者,称为"非甲—戊型肝炎"。

②病毒性肝炎的传染源。

a.甲型肝炎无病毒携带状态,传染源为急性期患者和隐性感染者。粪便排毒期在起病前2周至血清转氨酶高峰期后1周,少数患者延长至病后30天。

b.乙型肝炎属于常见传染病,可通过母婴、血液和体液传播。传染源主要是急、慢性乙型肝炎患者和病毒携带者。急性患者在潜伏期末及急性期有传染性,但不超过6个月。慢性患者和病毒携带者作为传染源预防的意义重大。

c.丙型肝炎的传染源是急、慢性患者和无症状病毒携带者。

d.丁型肝炎的传染源与乙型肝炎相似。

e.戊型肝炎的传染源与甲型肝炎相似。

③病毒性肝炎的症状。

a. 疲乏无力、懒动、下肢酸困不适，稍加活动则难以支持。

b. 食欲不振、食欲减退、厌油、恶心、呕吐及腹胀，往往食后加重。

c. 部分病人尿黄、尿色如浓茶，大便色淡或灰白，腹泻或便秘。

d. 右上腹部有持续性腹痛，个别病人可呈针刺样或牵拉样疼痛，于活动、久坐后加重，卧床休息后可缓解，右侧卧时加重，左侧卧时减轻。

e. 医生检查可有肝脏肿大、压痛、肝区叩击痛、肝功能损害，部分病例出现发热及黄疸表现。

f. 血清谷丙转氨酶及血中总胆红素升高有助于诊断，也可进一步做血清免疫学检查及明确肝炎类型。

④病毒性肝炎的预防。病毒性肝炎预防应采取以切断传播途径为重点的综合性措施。

对甲型、戊型肝炎，重点抓好水源保护、饮水消毒、食品加工、粪便管理等，切断粪—口途径传播，注意个人卫生，饭前、便后洗手，不喝生水，生吃瓜果要洗净。对于急性病如甲型和戊型肝炎病人接触的易感人群，应注射人血丙种球蛋白，注射时间越早越好。

对乙型、丙型和丁型肝炎，重点在于防止通过血液和体液的传播，各种医疗及预防注射，应实行一人一针一管，对带血清的污染物应严格消毒，对血液和血液制品应严格检测。对学龄前儿童和密切接触者，应接种乙肝疫苗；乙肝疫苗和乙肝免疫球蛋白联合应用可有效地阻断母婴传播；医务人员在工作中因医疗意外或医疗操作不慎感染乙肝病毒，应立即注射免疫球蛋白。

2.职业病的预防和治疗

（1）职业病定义。

所谓职业病，是指企业、事业单位和个体经济组织的劳动者在职业活动中，因接触粉尘、放射性物质和其他有毒、有害物质等因素而引起的疾病。对于患职业病的，我国法律规定，应属于工伤，享受工伤待遇。

（2）建筑企业常见的职业病。

①接触各种粉尘引起的尘肺病。

②电焊工尘肺、眼病。

③直接操作振动机械引起的手臂振动病。

④油漆工、粉刷工接触有机材料散发的不良气体引起的中毒。

⑤接触噪声引起的职业性耳聋。

⑥长期超时、超强度地工作，精神长期过度紧张造成相应职业病。

⑦高温中暑等。

（3）职业病鉴定与保障。

劳动者如果怀疑所得的疾病为职业病，应当及时到当地卫生部门批准的职业病诊断机构进行职业病诊断。对诊断结论有异议的，可以在30日内到市级卫生行政部门申请职业病诊断鉴定，鉴定后仍有异议的，可以在15日内到省级卫生行政部门申请再鉴定。被诊断、鉴定为职业病，所在单位应当自被诊断、鉴定为职业病之日起30日内，向统筹地区劳动保障行政部门提出工伤认定申请。

提示：劳动者日常需要注意收集与职业病相关的材料。

（4）职业病的诊断。

根据《中华人民共和国职业病防治法》(以下简称《职业病防治法》)和《职业病诊断与鉴定管理办法》的有关规定,具体程序为:

①职业病诊断应当由省级以上人民政府卫生行政部门批准的医疗卫生机构承担,劳动者可以在用人单位所在地或者本人居住地依法承担职业病诊断的医疗卫生机构进行职业病诊断。

②当事人申请职业病诊断时应当提供以下材料:

a. 职业史、既往史。

b. 职业健康监护档案复印件。

c. 职业健康检查结果。

d. 工作场所历年职业病危害因素检测、评价资料。

e. 诊断机构要求提供的其他必需的有关材料。

③职业病诊断应当依据职业病诊断标准,结合职业病危害接触史、工作场所职业病危害因素检测与评价、临床表现和医学检查结果等资料,综合做出分析。

④职业病诊断机构在进行职业病诊断时,应当组织三名以上取得职业病诊断资格的执业医师进行集体诊断。

⑤职业病诊断机构做出职业病诊断后,应当向当事人出具职业病诊断证明书。职业病诊断证明书应当明确是否患有职业病,对患有职业病的,还应当载明所患职业病的名称、程度(期别)、处理意见和复查时间。

⑥当事人对职业病诊断有异议的,在接到职业病诊断证明书之日起 30 日内,可以向做出诊断的医疗卫生机构所在地的市级卫生行政部门申请鉴定。

⑦当事人申请职业病诊断鉴定时,应当提供以下材料:

a. 职业病诊断鉴定申请书。

b. 职业病诊断证明书。

c. 其他有关资料。职业病诊断鉴定办事机构应当自收到申请资料之日起 10 日内完成材料审核,对材料齐全的发给受理通知书;材料不全的,通知当事人补充。职业病诊断鉴定办事机构应当在受理鉴定之日起 60 日内组织鉴定。

⑧鉴定委员会应当认真审查当事人提供的材料,必要时可听取当事人的陈述和申辩,对被鉴定人进行医学检查,对被鉴定人的工作场所进行现场调查取证。

⑨职业病诊断鉴定书应当包括以下内容:

a. 劳动者、用人单位的基本情况及鉴定事由。

b. 参加鉴定的专家情况。

c. 鉴定结论及其依据,如果为职业病,应当注明职业病名称、程度(期别)。

d. 鉴定时间。职业病诊断鉴定书应当于鉴定结束之日起 20 日内由职业病诊断鉴定办事机构发送给当事人。

(5)劳动者有权利拒绝从事容易发生职业病的工作。

劳动者依法享有保持自己身体健康的权利,因此,对于是否选择从事存在职业病危害的工作,应当由劳动者依照其自己的意愿决定。而要使劳动者能够自行决定是否选择从事该工作,就应当保证劳动者对相关工作内容以及其可能带来的危害有一定的了解。正因为如此,《职业病防治法》规定:"用人单位与劳动者订立劳动合同(含聘用合同,下同)时,应当将工作过程中可能产生的职业病危害及其后果、职业病防护措施和待遇等如实告知劳动者,并在劳动合同中写明,不得隐瞒或者欺骗。""劳动者在已订立劳动合同期间因工作岗位或者工作内容变更,从事与所订立劳动合同中未告知的存在职业病危害的作业时,用人单位应当依照前款规定,向劳动者履行如实告知的义务,并协商变更原劳动合同相关条款。""用人单位违反前两款规定的,劳动者有权拒绝从事存在职业病危害的作业,用人单位不得因此解除或者终止与劳动者所订立的劳动合同。"

另外,根据《职业病防治法》的规定,用人单位违反本规定,订立或者变更劳动合同时,未告知劳动者职业病危害真实情况的,由卫生行政部门责令限期改正,给予警告,可以并处2万元以上5万元以下的罚款。

根据前述规定,如果用人单位没有将工作过程中可能产生的职业病危害及其后果、职业病防护措施和待遇等如实告知劳动者,并在劳动合同中写明,那么劳动者就有权利拒绝从事存在职业病危害的作业,并且用人单位不得因劳动者拒绝从事该作业而解除或者终止劳动者的劳动合同。

(6)患职业病的劳动者有权获得相应的保障。

①患职业病的劳动者有权利获得职业保障。《中华人民共和国劳动合同法》规定,用人单位以下情形不得解除劳动合同:

a.患职业病或者因工负伤并确认丧失或者部分丧失劳动能力的。

b.患病或者负伤,在规定的医疗期内的。职业病病人依法享受国家规定的职业病待遇,用人单位对不适宜继续从事原工作的职业病病人,应当调离原岗位,并妥善安置。

②患职业病的劳动者有权利获得医疗保障。《职业病防治法》规定:"职业病病人依法享受国家规定的职业病待遇。用人单位应当按照国家有关规定,安排职业病病人进行治疗、康复和定期检查。"

③患职业病的劳动者有权利获得生活保障。《职业病防治法》规定:"劳动者被诊断患有职业病,但用人单位没有依法参加工伤社会保险的,其医疗和生活保障由最后的用人单位承担。"

④患职业病的劳动者有权利依法获得赔偿。职业病病人除依法享有工伤社会保险外,依照有关民事法律,尚有获得赔偿的权利的,有权向用人单位提出赔偿要求。

(7)职工患职业病后的一次性处理规定。

职工患病后,应当先行治疗,然后进行职业病的诊断和鉴定。如果职工按照《职业病防治法》规定被诊断、鉴定为职业病,必须向劳动保障行政部门提出工伤认定申请,由劳动保障行政部门做出工伤认定。如果职工经治疗伤情相对稳定后存在残疾、影响劳动能力的,还应当进行劳动能力鉴定。最后职工才可按照《工伤保险条例》规定的标准享受工伤保险待遇。

以上程序是职工患职业病后享受工伤待遇所必需的,是切实保障职工合法权益的基础。但在实际生活中,一些用人单位和职工由于不懂工伤法律或者怕麻烦、图省事,在职工患病后就直接约定进行一次性工伤补助,这种做法是不可取的。当然,如果工伤职工愿意,待治愈或病情稳定做出工伤伤残等级鉴定后,可参照有关工伤的规定依法与企业达成一次性领取工伤待遇的相关协议。

(8)治疗职业病的有关费用支付。

首先应当明确的是,检查、治疗、诊断职业病的,劳动者本人不承担相关费用。这些费用依照规定,应当由用人单位负担或者从工伤保险基金中支付。

①职业健康检查费用由用人单位承担。

②救治急性职业病危害的劳动者,或者进行健康检查和医学观察,所需费用由用人单位承担。

③职业病诊断鉴定费用由用人单位承担。

④因职业病进行劳动能力鉴定的,鉴定费从工伤保险基金中支付。

⑤因职业病需要治疗的,相关费用按照工伤的规定处理。

还需要说明的是,不管是职业病还是其他原因发生的工伤,都必须进行彻底的治疗,相关的费用不管花了多少,都应当依法予以报销,即"工伤索赔上不封顶"。

(9)劳动者在职业病防治中须承担的义务。

①认真接受用人单位的职业卫生培训,努力学习和掌握必要的职业卫生知识。

②遵守职业卫生法规、制度、操作规程。

③正确使用与维护职业危害防护设备及个人防护用品。

④及时报告事故隐患。

⑤积极配合上岗前、在岗期间和离岗时的职业健康检查。

⑥如实提供职业病诊断、鉴定所需的有关资料等。

重点:熟知职业安全卫生警示标志,禁止不安全的操作行为,正确使用个人防护用品。

(10)建筑企业常见职业病及预防控制措施。

①接触各种粉尘引起的尘肺病预防控制措施。

作业场所防护措施:加强水泥等易扬尘的材料的存放处、使用处的扬尘防护,任何人不得随意拆除,在易扬尘部位设置警示标志。

个人防护措施:落实相关岗位的持证上岗,给施工作业人员提供扬尘防护口罩,杜绝施工操作人员的超时工作。

②电焊工尘肺、眼病的预防控制措施。

作业场所防护措施:为电焊工提供通风良好的操作空间。

个人防护措施:电焊工必须持证上岗,作业时佩戴有害气体防护口罩、眼睛防护罩,杜绝违章作业,采取轮流作业,杜绝施工操作人员的超时工作。

③直接操作振动机械引起的手臂振动病的预防控制措施。

作业场所防护措施:在作业区设置预防职业病警示标志。

个人防护措施:机械操作工要持证上岗,提供振动机械防护手套,延长换班休息时间,杜绝作业人员的超时工作。

④油漆工、粉刷工接触有机材料散发不良气体引起的中毒预防控制措施。

作业场所防护措施:加强作业区的通风排气措施。

个人防护措施:相关工种持证上岗,给作业人员提供防护口罩,轮流作业,杜绝作业人员的超时工作。

⑤接触噪声引起的职业性耳聋的预防控制措施。

作业场所防护措施:在作业区设置防职业病警示标志,对噪声大的机械加强日常保养和维护,减少噪声污染。

个人防护措施:为施工操作人员提供劳动防护耳塞轮流作业,杜绝施工操作人员的超时工作。

⑥长期超时、超强度地工作,精神长期过度紧张所造成相应职业病的预防控制措施。

作业场所防护措施:提高机械化施工程度,减小工人劳动强度,为职工提供良好的生活、休息、娱乐场所,加强施工现场文明施工。

个人防护措施:不盲目抢工期,即使抢工期也必须安排充足的人员能够按时换班作业,采取8h作业换班制度,及时发放工人工资,稳定工人情绪。

⑦高温中暑的预防控制措施。

作业场所防护措施:在高温期间,为职工备足饮用水或绿豆汤、防中暑药品、器材。

个人防护措施:减少工人工作时间,尤其是延长中午休息时间。

提示:工作场所自觉做好个人安全防护。

四、工地施工现场急救知识

施工现场急救基本常识主要包括应急救援基本常识、触电急救知识、创伤救护知识、火灾急救知识、中毒及中暑急救知识以及传染病急救措施等，了解并掌握这些现场急救基本常识，是做好安全工作的一项重要内容。

1. 应急救援基本常识

(1)施工企业应建立企业级重大事故应急救援体系，以及重大事故救援预案。

(2)施工项目应建立项目重大事故应急救援体系，以及重大事故救援预案；在实行施工总承包时，应以总承包单位事故预案为主，各分包队伍也应有各自的事故救援预案。

(3)重大事故的应急救援人员应经过专门的培训，事故的应急救援必须有组织、有计划地进行；严禁在未清楚事故情况下，盲目救援，以免造成更大的伤害。

(4)事故应急救援的基本任务：

①立即组织营救受害人员，组织撤离或者采取其他措施保护危害区域内的其他人员。

②迅速控制事态，并对事故造成的危害进行检测、监测，测定事故的危害区域、危害性质及危害程度。

③消除危害后果，做好现场恢复。

④查清事故原因，评估危害程度。

2. 触电急救知识

触电者的生命能否获救，在绝大多数情况下取决于能否迅速脱离电源和正确地实行人工呼吸和心脏按摩。拖延时间、动作迟缓或救护不当,都可能造成人员伤亡。

(1)脱离电源的方法。

①发生触电事故时,附近有电源开关和电流插销的,可立即将电源开关断开或拔出插销;但普通开关(如拉线开关、单极按钮开关等)只能断一根线,有时不一定关断的是相线,所以不能认为是切断了电源。

②当有电的电线触及人体引起触电,不能采用其他方法脱离电源时,可用绝缘的物体(如干燥的木棒、竹竿、绝缘手套等)将电线移开,使人体脱离电源。

③必要时可用绝缘工具(如带绝缘柄的电工钳、木柄斧头等)切断电线,以切断电源。

④应防止人体脱离电源后造成的二次伤害,如高处坠落、摔伤等。

⑤对于高压触电,应立即通知有关部门停电。

⑥高压断电时,应戴上绝缘手套,穿上绝缘鞋,用相应电压等级的绝缘工具切断开关。

(2)紧急救护基本常识。

根据触电者的情况,进行简单的诊断,并分别处理:

①病人神志清醒,但感到乏力、头昏、心悸、出冷汗,甚至有恶心或呕吐症状。此类病人应使其就地安静休息,减轻心脏负担,加快恢复;情况严重时,应立即小心送往医院检查治疗。

②病人呼吸、心跳尚存在,但神志昏迷。此时,应将病人仰卧,周围空气要流通,并注意保暖;除了要严密观察外,还要做好人工呼吸和心脏挤压的准备工作。

③如经检查发现,病人处于"假死"状态,则应立即针对不同类型的"假死"进行对症处理:如果呼吸停止,应用口对口的人工呼吸法来维持气体交换;如心脏停止跳动,应用体外人工心脏挤

压法来维持血液循环。

a. 口对口人工呼吸法：病人仰卧、松开衣物——→清理病人口腔阻塞物——→病人鼻孔朝天、头后仰——→捏住病人鼻子贴嘴吹气——→放开嘴鼻换气，如此反复进行，每分钟吹气 12 次，即每5s 吹气 1 次。

b. 体外心脏挤压法：病人仰卧硬板上——→抢救者用手掌对病人胸口凹腔——→掌根用力向下压——→慢慢向下——→突然放开，连续操作，每分钟进行 60 次，即每秒一次。

c. 有时病人心跳、呼吸停止，而急救者只有一人时，必须同时进行口对口人工呼吸和体外心脏挤压，此时，可先吹两次气，立即进行挤压 15 次，然后再吹两次气，再挤压，反复交替进行。

3. 创伤救护知识

创伤分为开放性创伤和闭合性创伤。开放性创伤是指皮肤或黏膜的破损，常见的有：擦伤、切割伤、撕裂伤、刺伤、撕脱、烧伤；闭合性创伤是指人体内部组织损伤，而皮肤黏膜没有破损，常见的有：挫伤、挤压伤。

(1)开放性创伤的处理。

①对伤口进行清洗消毒可用生理盐水和酒精棉球，将伤口和周围皮肤上沾染的泥沙、污物等清理干净，并用干净的纱布吸收水分及渗血，再用酒精等药物进行初步消毒。在没有消毒条件的情况下，可用清洁水冲洗伤口，最好用流动的自来水冲洗，然后用干净的布或敷料吸干伤口。

②止血。对于出血不止的伤口，能否做到及时有效地止血，对伤员的生命安危影响较大。在现场处理时，应根据出血类型和部位不同采用不同的止血方法：直接压迫——将手掌通过敷

料直接加压在身体表面的开放性伤口的整个区域;抬高肢体
——对于手、臂、腿部严重出血的开放性伤口都应抬高,使受伤
肢体高于心脏水平线;压迫供血动脉——手臂和腿部伤口的严
重出血,如果应用直接压迫和抬高肢体仍不能止血,就需要采用
压迫点止血技术;包扎——使用绷带、毛巾、布块等材料压迫止
血,保护伤口,减轻疼痛。

③烧伤的急救。应先去除烧伤源,将伤员尽快转移到空气
流通的地方,用较干净的衣服把伤面包裹起来,防止再次污染;
在现场,除了化学烧伤可用大量流动清水冲洗外,对创面一般不
做处理,尽量不弄破水泡,保护表皮。

(2)闭合性创伤的处理。

①较轻的闭合性创伤,如局部挫伤、皮下出血,可在受伤部
位进行冷敷,以防止组织继续肿胀,减少皮下出血。

②如发现人员从高处坠落或摔伤等意外时,要仔细检查其
头部、颈部、胸部、腹部、四肢、背部和脊椎,看看是否有肿胀、青
紫、局部压疼、骨摩擦声等其他内部损伤。假如出现上述情况,
不能对患者随意搬动,需按照正确的搬运方法进行搬运;否则,
可能造成患者神经、血管损伤并加重病情。

现场常用的搬运方法有:担架搬运法——用担架搬运时,要
使伤员头部向后,以便后面抬担架的人可随时观察其变化;单人
徒手搬运法——轻伤者可扶着走,重伤者可让其伏在急救者背
上,双手绕颈交叉垂下,急救者用双手自伤员大腿下抱住伤员
大腿。

③如怀疑有内伤,应尽早使伤员得到医疗处理;运送伤员
时要采取卧位,小心搬运,注意保持呼吸道畅通,注意防止
休克。

④运送过程中,如突然出现呼吸、心跳骤停时,应立即进行

人工呼吸和体外心脏挤压法等急救措施。

4. 火灾急救知识

一般地说，起火要有三个条件，即可燃物（木材、汽油等）、助燃物（氧气等）和点火源（明火、烟火、电焊花等）。扑灭初起火灾的一切措施，都是为了破坏已经产生的燃烧条件。

（1）火灾急救的基本要点。

施工现场应有经过训练的义务消防队，发生火灾时，应由义务消防队急救，其他人员应迅速撤离。

①及时报警，组织扑救。全体员工在任何时间、地点，一旦发现起火都要立即报警，并在确保安全前提下参与和组织群众扑灭火灾。

②集中力量，主要利用灭火器材，控制火势，集中灭火力量在火势蔓延的主要方向进行扑救，以控制火势蔓延。

③消灭飞火，组织人力监视火场周围的建筑物、露天物资堆放场所的未尽飞火，并及时扑灭。

④疏散物资，安排人力和设备，将受到火势威胁的物资转移到安全地带，阻止火势蔓延。

⑤积极抢救被困人员。人员集中的场所发生火灾，要有熟悉情况的人做向导，积极寻找和抢救被困的人员。

（2）火灾急救的基本方法。

①先控制，后消灭。对于不可能立即扑灭的火灾，要先控制火势，具备灭火条件时再展开全面进攻，一举消灭。

②救人重于救火。灭火的目的是为了打开救人通道，使被困的人员得到救援。

③先重点，后一般。重要物资和一般物资相比，先保护和抢救重要物资；火势蔓延猛烈方面和其他方面相比，控制火势蔓延

的方面是重点。

④正确使用灭火器材。水是最常用的灭火剂,取用方便,资源丰富,但要注意水不能用于扑救带电设备的火灾。各种灭火器的用途和使用方法如下:

酸碱灭火器:倒过来稍加摇动或打开开关,药剂喷出。适用于扑救油类火灾。

泡沫灭火器:把灭火器筒身倒过来,打开保险销,把喷管口对准火源,拉出拉环,即可喷出。适合于扑救木材、棉花、纸张等火灾,不能扑救电气、油类火灾。

二氧化碳灭火器:一手拿好喇叭筒对准火源,另一手打开开关既可。适合于扑救贵重仪器和设备,不能扑救金属钾、钠、镁、铝等物质的火灾。

干粉灭火器:打开保险销,把喷管口对准火源,拉出拉环,即可喷出。适用于扑救石油产品、油漆、有机溶剂和电气设备等火灾。

⑤人员撤离火场途中被浓烟围困时,应采取低姿势行走或匍匐穿过浓烟,有条件时可用湿毛巾等捂住嘴鼻,以便顺利撤出烟雾区;如无法进行逃生,可向建筑物外伸出衣物或抛出小物件,发出求救信号引起注意。

⑥进行物资疏散时应将参加疏散的员工编成组,指定负责人首先疏散通道,其次疏散物资,疏散的物资应堆放在上风向的安全地带,不得堵塞通道,并要派人看护。

5. 中毒及中暑急救知识

施工现场发生的中毒主要有食物中毒、燃气中毒及毒气中毒;中暑是指人员因处于高温高热的环境而引起的疾病。

(1)食物中毒的救护。

①发现饭后有多人呕吐、腹泻等不正常症状时,尽量让病人大量饮水,刺激喉部使其呕吐。

②立即将病人送往就近医院或打 120 急救电话。

③及时报告工地负责人和当地卫生防疫部门,并保留剩余食品以备检验。

(2)燃气中毒的救护。

①发现有人煤气中毒时,要迅速打开门窗,使空气流通。

②将中毒者转移到室外实行现场急救。

③立即拨打 120 急救电话或将中毒者送往就近医院。

④及时报告有关负责人。

(3)毒气中毒的救护。

①在井(地)下施工中有人发生毒气中毒时,井(地)上人员绝对不要盲目下去救助;必须先向出事点送风,救助人员装备齐全安全保护用具,才能下去救人。

②立即报告工地负责人及有关部门,现场不具备抢救条件时,应及时拨打 110 或 120 电话求救。

(4)中暑的救护。

①迅速转移。将中暑者迅速转移至阴凉通风的地方,解开衣服,脱掉鞋子,让其平卧,头部不要垫高。

②降温。用凉水或 50%酒精擦其全身,直到皮肤发红、血管扩张以促进散热。

③补充水分和无机盐类。能饮水的患者应鼓励其喝足量盐开水或其他饮料,不能饮水者,应予静脉补液。

④及时处理呼吸、循环衰竭。呼吸衰竭时,可注射尼可刹明或山梗茶碱;循环衰竭时,可注射鲁明那钠等镇静药。

⑤医疗条件不完善时,应对患者严密观察,精心护理,送往附近医院进行抢救。

6.传染病急救措施

由于施工现场的人员较多,如果控制不当,容易造成集体感染传染病。因此需要采取正确的措施加以处理,防止大面积人员感染传染病。

(1)如发现员工有集体发烧、咳嗽等不良症状,应立即报告现场负责人和有关主管部门,对患者进行隔离加以控制,同时启动应急救援方案。

(2)立即把患者送往医院进行诊治,陪同人员必须做好防护隔离措施。

(3)对可能出现病因的场所进行隔离、消毒,严格控制疾病的再次传播。

(4)加强现场员工的教育和管理,落实各级责任制,严格履行员工进出现场登记手续,做好病情的监测工作。

参 考 文 献

[1] 中华人民共和国住房和城乡建设部. 混凝土小型空心砌块建筑技术规程(JGJ /T 14－2011)[S]. 北京：中国建筑工业出版社,2011.

[2] 建设部干部学院. 砌筑工. [M]. 武汉：华中科技大学出版社,2009.

[3] 建筑工人职业技能培训教材编委会. 砌筑工(第二版)[M]. 北京：中国建筑工业出版社,2015.

[4] 中华人民共和国住房和城乡建设部. 砌体结构工程施工质量验收规范(GB 50203－2011)[S]. 北京：中国建筑工业出版社,2011.

[5] 中华人民共和国住房和城乡建设部. 砌体结构工程施工规范(GB 50924－2014)[S]. 北京：中国建筑工业出版社,2014.

[6] 中华人民共和国住房和城乡建设部. 建筑施工安全技术统一规范(GB 50870－2013)[S]. 北京：中国建筑工业出版社,2014.

[7] 建设部人事教育司. 钢筋工[M]. 北京：中国建筑工业出版社,2002.